東電の核惨事

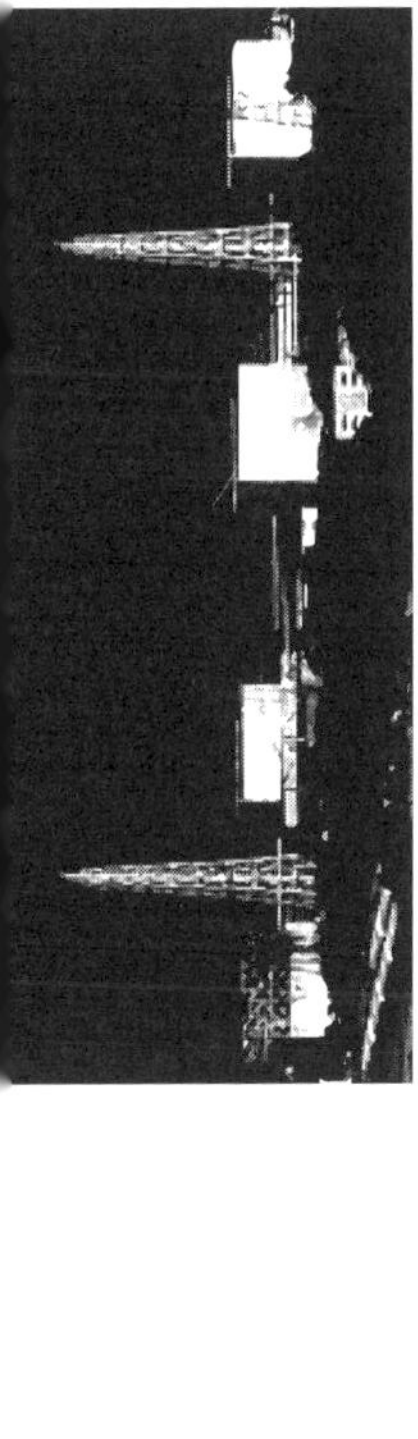

天笠啓祐 著

緑風出版

目　次

東電の核惨事

はじめに　9

第1章　最悪の事故発生　17
史上最悪の核惨事・21／冷却材喪失事故とは・24／四機同時事故が対応を複雑にする・28／起こるべくして起きた事故・30

第2章　ウラルの核惨事への道　35
原発は原爆製造から始まった・36／戦後の原子炉開発の歴史・39／米国では高速増殖炉が本命・42／原子力潜水艦・44／軽水炉の時代へ・47／高速増殖炉で事故発生・48／初期の原発事故・49／空軍基地爆撃機が墜落炎上事故・50／ウインズケール事故・52／ウラルの核惨事・53／廃棄物が臨界爆発・56／臨界事故・59／SL1炉・暴走事故・60／エンリコ・フェルミ炉事故・60／輸送事故・軍事事故・63／日本分析化学研究所事件・64

第3章　スリーマイル島原発事故への道――67

美浜原発燃料棒折損事故・68／廃棄物処理場の汚染事故・69／原子力船むつ漂流・70／　ブラウンズ・フェリー原発火災事故・71／スリーマイル島原発・炉心溶融事故・72／再処理工場での事故・78／ラ・アーグ再処理工場停電事故・79／敦賀原発の汚染事故・82／カルカー原発ナトリウム火災事故・83

第4章　チェルノブイリ原発事故起きる――85

チェルノブイリ原発・暴走事故・86／遅れた避難・88／石棺づくりへ・90／北半球を汚染・91／被害を小さく見せる国際評価・95／ヨーロッパ各国の対応・96／日本でも食品汚染が・98／三七〇ベクレルの意味・99／ギロチン破断事故・101／イギリスでもギロチン破断事故・102／増殖炉先進国フランスも挫折・104／ロシアでも頓挫・107／福島第一原発の火災・美浜原発の落雷事故・108／福島第二原発事故・110／美浜原発事故・111／蒸気発生器の問題点とは・114

第5章　もんじゅ事故・JOC臨界事故発生――117
高速増殖原型炉もんじゅで事故起きる・118／動燃事故・124／動燃誕生の背景・126／堕ちた看板・128／末期症状を迎えていた動燃の現場・130／敦賀原発の配管亀裂事故・132／JCO臨界事故起きる・133／事故の背景・136／原子力事故での最初の犠牲者・137／病気との闘い・140／国の政策の犠牲者・142／多数の被曝者・143／被曝労働者は被曝者に含まれない・144／美浜原発一一人死傷事故・146／志賀原発臨界事故・146／新潟中越沖地震による柏崎原発事故・148

第6章　過去の事故と福島の事故――151
繰り返されてきた事故・152／経済性優先・153／繰り返される隠ぺい・ねつ造・改ざん・154／無視される安全教育・157／多重防護という名の傲慢・158／被害はいつも市民に・160／事故の過小宣伝と早過ぎる安全宣言・162／事故は時間と場所を選ばない・164

第7章 福島の核惨事と放射能汚染 167

放射能がもつ性質とは・168／放射線とは・171／本当に怖いのは晩発性障害・173／家畜の奇形から始まった・176／放射線・177／放射線と防護基準の歴史・181／アララの理論の登場・185／許容線量から実効線量当量へ・187／食と農への影響・190／チェルノブイリの放射能被害・192／負の遺産を抱えながら生きる時代へ・197

終章 199

社会のあり方を変えることができるか・200／温暖化と原発推進・201／環境はカネでは買えない・204／バイオ燃料は食料問題を引き起こす・205／大規模自然エネルギーは環境を破壊する・208／危険な水素利用・209／地域循環型社会にエネルギーも組み込む・212

あとがき 216

はじめに

三月一一日午後二時四六分、宮城県沖を震源として発生した巨大地震と津波により、岩手県、宮城県、福島県を中心に多くの地域で空前の被害が発生した。その自然災害が福島第一原発の機器や配管にダメージをもたらし、コントロールの要である電気系統を破壊し、日本で初めてとなる大規模な避難をともなう核惨事をもたらした。最悪の事態を回避できるか否かの瀬戸際の状態が長期にわたり続き、現場では必死の作業がいまだに続いている。

事故は原子炉四機で同時に起きるという空前の規模となった。そのすべてで燃料棒が大きく破損・溶融し、大量の放射性物質が環境中に放出し続けている。まさに「福島の核惨事」と表現し得る事態となった。

スリーマイル島原発事故が、冷温停止状態になるには一年を超える時間が必要だったことを考えると、四機が一度に事故を起こすという前代未聞の惨事であり、冷温停止に至る月日は、想像を絶する長さになりそうである。この間、1から3号機のメルトダウンが発覚、危機は継続することになった。さらにその後、核燃料を取り出し、廃炉にしていく過程は、数十年のスケールで考えなければいけない。また、周辺を激しく放射能で汚染した以上、その除去の取り組みが必要になる。一九八六年に起きたチェルノブイリ原発事故では、四半世紀過ぎたいまでも、その汚染除去の作業は続いている。いったい福島第一原発およびその周辺では、その作業がいつまで続くのであろうか、見当もつかない。このような核惨事をもたらした東京電力、原子力を推進してきた政府の罪は深い。

この核惨事は、過去の原発の事故が警告し続けてきたことを生かさなかった、起きるべくして起きた事故といえる。電力会社は「温暖化対策」の名のもとに原発建設にまい進しただけでなく、「オール電化」を推進して電力需要の拡大を図り、政府がそれを後押しすることで、原発に依存する社会を作ってきた。その意味では、政府や電力会社が招いた人災である。

原発の歴史は、広島・長崎へ投下された原爆の製造から始まった。今日に至る原発の歩みは、事故の歴史でもある。その事故の原因を丁寧に反省して対策を立ててこなかったことが今日の事態を招いたといえる。広島、長崎の被爆経験を持つ日本で、大規模な核惨事が起きたことは、なんとも言いようがない悲劇である。それをもたらした組織、人物たちの共同の犯罪といえる。

電気系統が編み目のように張り巡らされ、水素爆発や塩水などでめちゃくちゃにされた。

原子力の歴史は、事故の歴史である。繰り返される事故こそ、原子力がもつ問題点を浮かび上がらせてきた。原発や原子力にかかわる施設は、放射能という生命と相いれない物質を抱えるため「絶対的な安全」が求められてきた。そのため、間違っても事故が起きないように設計されているはずだった。しかし、「多重防護」といわれる、何重にも施した安全性の仕組みをかいくぐって、事故は起き続けてきた。今回も同様である。

福島第一原発は、確かに古い原子炉である。しかし、今回の事故は、古い原子炉だから起きたのではない。原発だから起きたのである。いつ起きるか分からないが、必ず起きると考えられていた事故である。さらにその上、過去の事故の経験を活かしてこなかったこと、安全よりも経済を優先する電力会社や原子力産業の体質が付け加わる。

電力会社は事故のたびに、隠ぺい、ねつ造、改ざんを繰り返してきた。今回もテレビや新聞などマスメディアで発表される内容はすべて政府や東電によってコントロールされ、災害規模を小さく見せることに腐心していることから、市民の間で不信が広がった。とくに外国のジャーナリズムは、不信をあらわにしたり、独自の取材を行なうところが多かった。事故発生後、風評被害が広がったというが、その原因は東京電力や政府による情報隠しである。正確な情報提供こそが、風評被害を引き起こさない最善の策であるはずである。

事故が起きる前には、かならず予兆がある。今回も四年前に起きた柏崎原発事故の教訓が生かされなかった。二〇〇七年七月一六日、世界最大規模をもつ柏崎原発を、至近距離で中越沖地震が直撃した。地震直後、稼働中のすべての原発が自動停止した。しかし直後に、三号機に隣接する変圧器で火災が発生し、一面黒煙がたなびく異様な事態となった。この火災に対して、自動消火システムが機能しなかった。しかも消火栓は不備であり、化学消防車も配備されていなかったため、消火活動は遅々として進まなかった。原発敷地内には地割れが起き、道路が波打ち、もしその被害が道路を寸断していたら消火活動などに大きな支障が生じていたはずである。地震では通常の事故対策ができなくなることを示した事故だった。ま

日本の原発

（2011年5月末現在）

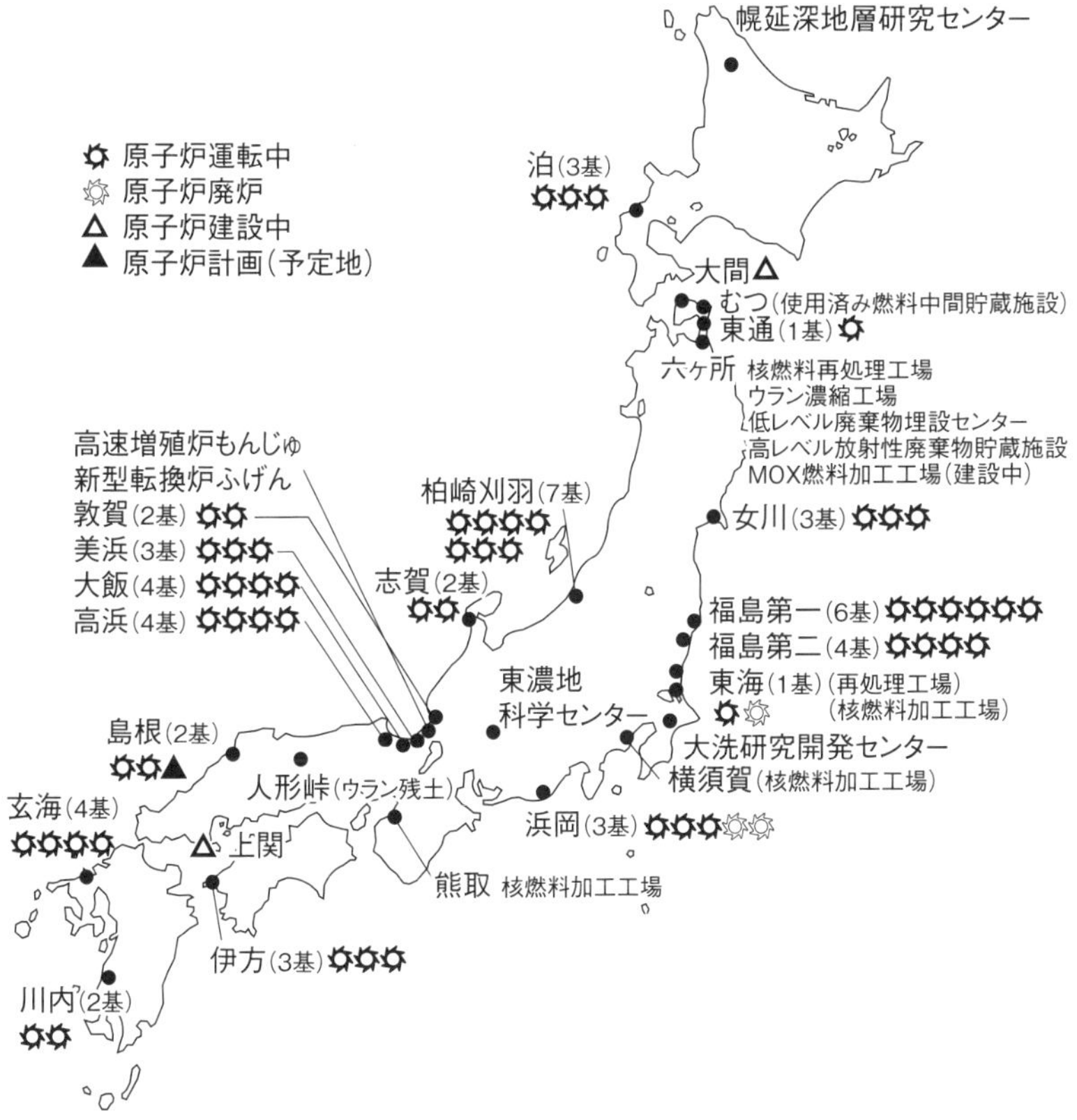

このような津波対策はまったく役にたたなかった

た、すべての原発の燃料貯蔵プールから大量の冷却水が飛び散り、海を汚染していた。燃料貯蔵プールでの冷却水対策が必要であることを示した事故でもあった。同じ東京電力の所有する原発で起きた事故であるにもかかわらず、その教訓は今回生かされることはなかった。

終わらせるのが難しい原子力事故。チェルノブイリ原発事故では、消防隊の文字通り死をかけた必死の活動で、やっと火を消すことができた。JCO事故も、企業戦士が突撃隊をくみ、間一髪最悪の事態を免れている。今回も、現場の作業員、消防隊、自衛隊など、多くの犠牲の上に最悪の事態になることだけは避けようと努力が続いている。

原発事故は、最後には多くの人に犠牲を求めることになる。これからは、いつ果てるともない長期にわたり、私たちにとってかけがえのない空気、食品や飲料水が汚染されつづけ、被害は多くの人々を生涯にわたって脅かすことになる。広島・長崎の被爆者が抱える悲劇は、終戦後六五年以上たった今日まで続いている。福島の悲劇も、いつまで続くか分からない。

かつて米国の科学者E・J・スターングラスは、一九四五年から七〇年までに米国内で行なわれた核実験などさまざまな原子力関連活動によって、四〇万人もの子どもたちの命が失われた、と発表し、衝撃をもたらした。放射能の影響は、子どもたちにより深刻な影響をもたらす。福島の悲劇は、いま生きている私たちだけでなく、将来生まれてくる子どもたちも含めて、多くの命を脅かし続けることになる。

原発が日本で導入された時から、武谷三男、久米三四郎、高木仁三郎の各氏など数多くの科学者が、原子力と人類は相いれないといい続けてきた。その言葉が、いま現実化している。原子力を終焉させるのか、人類の終焉を手をこまぬいてみているのか、いま、本当にその岐路に立っているといえる。

第1章　最悪の事故発生

三月一一日午後二時四六分、宮城県沖を震源とする巨大地震と津波によって、空前ともいえる災害が東日本をおそった。地震による大きな揺れは、東北地方から関東地方にあるすべての原発を直撃した。そこには実に一五機もの原発が立地するという、世界でもまれな原発密集地帯である。

東京電力・福島第一の六機、第二の四機以外にも、青森県にある東北電力・東通1号機、宮城県にある東北電力・女川原発1～3号機、茨城県にある日本原子力発電・東海第二があり、そこを地震が直撃した。当時、定期点検で停止中だった東通1号機と、福島第一4～6号機を除き運転中だった一一機のすべてが緊急停止した。地震と緊急停止によって、すべての原発が大きなダメージを受けたものと思われる。福島第一原発では、津波の影響もさることながら、地震の大きな揺れによって機器や配管などに大きなダメージが起きていたものと思われる。また女川原発の周辺でも、放射線の測定値が高くなっている。東北電力は、福島原発からの放射能の飛来だと説明していたが、何らかのダメージが発生した可能性がある。いずれにしろ、すべての緊急停止した原発に関する正確な情報が閉ざされているため、何が起きたかは分からない状況になっている。

この地震と津波により、福島第一原発では四機が相次いで大事故を発生させ、日本列島

パイプが編み目のように張り巡らされている。水素爆発で大きなダメージを受けていると思われる。

を広範囲にわたり放射能で汚染する核惨事をもたらした。緊急時に働くはずのＥＣＣＳ（緊急炉心冷却装置）は作動しなかった。そして震災発生から五六分後には、原発の運転にとって生命線である電源が、６号機の非常用電源を除きすべて止まった。原発はコントロールを失ったのである。

政府はその日の夜八時五〇分に半径二㎞圏内の住民に避難を指示し、さらに九時二三分にはその範囲を三㎞に拡大、三～一〇㎞の範囲の住民に自宅待避を指示した。翌一二日朝の五時四四分には避難区域がさらに一〇㎞に拡大し、その日の午後六時二五分にはさらに二〇㎞に拡大された。市民は、避難区域が次々と拡大されたことで、福島第一原発で重大な事態が発生していることを思い知らされた。政府は、さらに一五日午前一一時には、半径二〇～三〇km圏内の住民に対して屋内待避を指示した。住民は、いつ帰れるか分からない、避難生活を強いられることになったのである。

事故の原因は、この地震による大きな揺れがもたらした機器や配管の破損と電源の喪失である。特に後者は、致命的な影響をもたらした。原発はすべてコンピュータでコントロールされており、電源が失われると為すすべを持たなくなってしまう。本来、航空機や原発など、いったん事故が起きると多くの人命を脅かす技術については、フェイルセーフと呼ばれる、万が一の際にも絶えず「安全の側」に機能するような仕組みが求められてきた。しかし、現在の原発は、経済性を優先して安全性がおざなりにされてきたため、この仕組みは存在しなかった。もしフェイルセーフの思想があれば、複数の補助電源がすべて機能することがなくなるような設計はあり得なかった。

コントロールを失った原発は、この世の中でもっとも危険な存在となる。水の循環が止まり、水温が急上昇、蒸発し失われていった。冷却水が失われ空だき状態になっていったことで、むき出しとなった核燃料棒のさやが溶け、炉心溶融が起き、核燃料はどろどろに溶けた状態で原子炉の底部にたまっていった。水はさやの金属が触媒となり、高温反応によって分解し、水素と酸素を発生させる。その水素が酸素と反応して水素爆発が起き、ただでさえコントロールを失っていた原発は、電気系統を含む主要な機器が破壊され、回復の手段を失ってしまった。

原子炉格納容器の中は、溶けた燃料が大量に散乱しており、壊れた建屋から、放射能が放出され続け、また海へと垂れ流し状態になっていった。

対策は、とにかく冷やすことしかなくなり、大量の海水がかけられ続け、その水が汚染水となってまた海に流れていくという、悪循環が起きたのである。

史上最悪の核惨事

この核惨事の最大の特徴は、四機中三機が一度に冷却材喪失という、起きてはいけないといわれ続けた事故を引き起こしたことにある。冷却材が失われれば、燃料棒のさやが溶け、そこに閉じ込められていた放射性物質が環境中に出ていくだけでなく、もし溶けた核燃料の塊が臨界（臨界とは核分裂物質が一定量に達すると自動的に始める核分裂連鎖反応の事である）量に達すれば核爆発を起こす危険性が強まる。事故当初、中性子の存在が伝えられた。中性子が存在することは、臨界反応が起きていることを意味する。その後、中性子に関する発表は消えた。

また、崩壊した核燃料が、どろどろに溶けた塊となって格納容器を突き抜け地下に進めば、地下水と接触して大爆発を起こす危険性もある。そうなれば、日本列島だけでなく、地球規模で汚染をもたらし、人類の生存を脅かしかねない危険をもたらすことになる。

まだ事故の全容が分かるまでには、時間がかかると思われるが、初期の段階で起きた水素爆発によって原子炉建屋が大きく破壊された時点で、大量の放射性物質が環境中に放出された。その後も放出は続いており、すでにチェルノブイリ原発事故を上回る放射性物質が放出された可能性がある。

四月一二日、政府はこの事故の国際的な事故評価尺度を、史上最悪の事故といわれてきたチェルノブイリ原発事故と並ぶ「もっとも深刻な事故」である「レベル7」に引き上げた。政府は事故直後には「レベル4」といい、一週間後の三月一八日にスリーマイル島原発事故に並ぶ「レベル5」に引き上げたものの、事故を小さく見せることに腐心してきた。しかし、四月五日までに放出された放射性物質の総量がヨウ素換算で三七万〜六三万テラ・ベクレルに達したとして、「レベル7」に引き上げたのである。この時点では、まだチェルノブイリ事故を上回っていないということだった。この数値自体、真に受けることができないし、今後も、放射性物質がじわりじわりと出ていけば、さらに汚染状況は悪化することになる。一〇〇〇万テラ・ベクレルを超えたと評価されているチェルノブイリ事故を上回る、史上最悪の核惨事は免れない、といってよいだろう。

燃料貯蔵プール

沸騰水型軽水炉

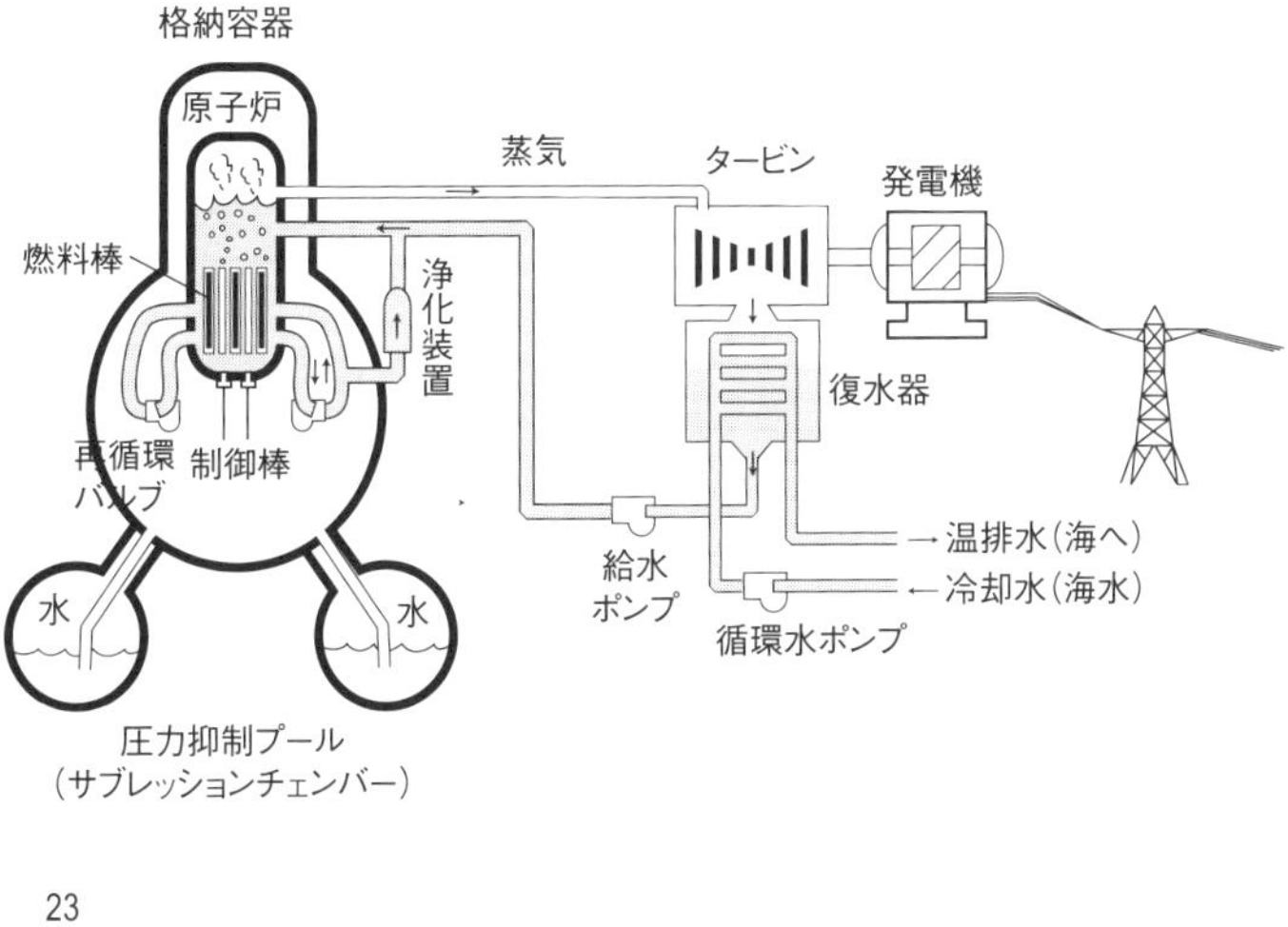

冷却材喪失事故とは

福島第一原発が採用した沸騰水型軽水炉（ＢＷＲ）とは、原子炉で熱せられた水が沸騰して、原子炉内で蒸気となり、発電用タービンを動かし、また原子炉に戻り、また加熱されて蒸気となり、またタービンを動かす、という仕組みであることから、この名が付けられた。軽水炉にはもう一種類あり、その加圧水型軽水炉は、強い圧力が加えられているため、水は沸騰せず高熱のまま熱交換器にいき（一次系）、そこでタービンを動かす水を加熱する（二次系）。水の流れが、一次系と二次系に分かれているところに特徴がある。一次系の水はまた原子炉に戻り、二次系の水は沸騰して発電用タービンを回転させる。このことから加圧水型軽水炉（ＰＷＲ）と名付けられた（九五頁図）。

この沸騰水型軽水炉では、原子炉内で使われている燃料は、高さが約四ｍもありながら、直径がわずか一㎝の細長い燃料棒の中に入れられている。その燃料棒はわずか三・四ミリの間隔でびっしり組まれている。その間を水が流れて、熱を奪い沸騰して、その蒸気が発電用タービンを回転させている。その燃料棒が五〇から八〇本集まって燃料集合体を構成し、その燃料集合体が四〇〇〜八〇〇体集まり炉心を形成している。炉心の中には実に数万本もの燃料棒がびっしりと詰まった状態になっているのである。その燃料棒が破損すると、中に封じられている核燃料がむき出しとなることが、もっとも恐れられていた。それが福島で起きた事故であり、しかも三機同時に起きたのである。

その燃料棒は、毎年三分の一が交換されていくが、使用済み燃料は高熱を発しなかなか温度が下がらず、冷却保存しなければならない。このような熱を崩壊熱という。

燃料貯蔵プール冷却系のパイプも水素爆発で大きなダメージを受けていると思われる。

放射性物質が放射線を出しながら変化していくことを崩壊と言うが、その際に熱を発生するのである。冷却のため燃料貯蔵プールに入れられる。その燃料貯蔵プールもまた、電気が失われると凶器に転じることが、今回の事故で示された。

しかも、その燃料棒

は、実に危うい構造になっている。問題なのは、その燃料棒のさやの融点の低さである。燃料棒の中で核燃料は二六〇〇℃（中心部）で燃えているのに対して、さやの材料であるジルカロイというジルコニウム合金の融点は一九〇〇℃である。運転時は、水が熱を奪っていくため、通常はさやの表面は三四〇℃で押さえられている。しかし、水がなくなると融点を超えてしまうため、さやは溶けて燃料がむき出しになる。それが、恐れられてきた事故、「冷却材喪失事故」である。

燃料棒の溶融について、東京電力は当初、破損率という言葉でそれぞれ1号機七〇％、2号機三〇％、3号機二五％と発表した。さらには後で4号機の破損も認めたものの、なかなかメルトダウン（炉心溶融）が起きていることを認めなかった。しぶしぶ事故当初にすでにメルトダウンが起きていたことを認めたのは、1号機については五月一二日、2から3号機については五月一四日のことだった。すでに事故の最初の段階で、大量の死の灰が環境中に飛散した。その中で、とくに揮発性の強いヨウ素とセシウムは、その多くが環境中に放出されたと考えられる。

しかも、この燃料棒で発生している熱（崩壊熱）は容易に下がってはくれない。スリーマイル島事故では、冷温停止まで一年間かかっている。福島でも冷温停止状態へ至る道は長く、その間危機的状況は続き、放射性物質の放出は続くとみられている。

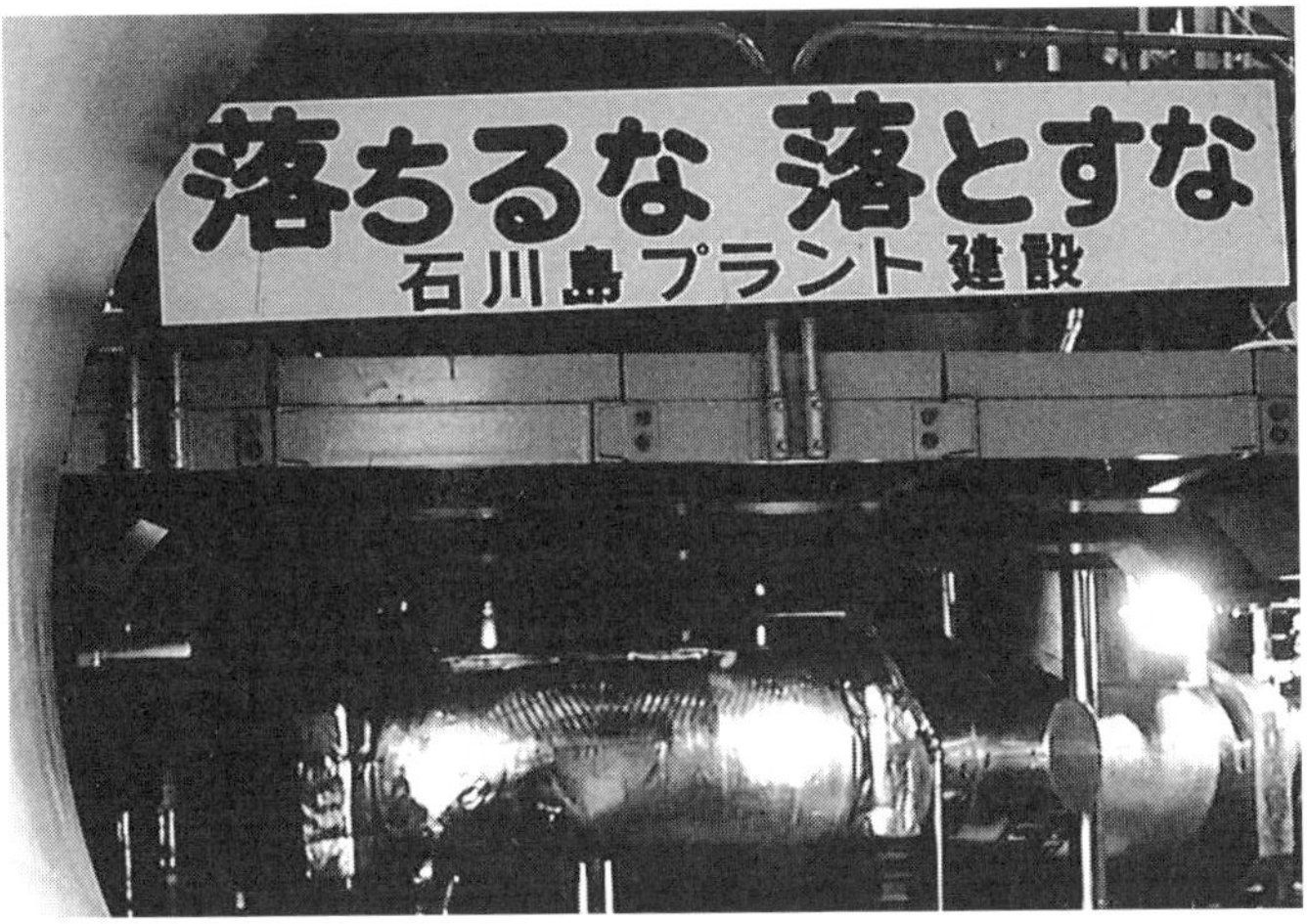

圧力抑制プール（サプレッション・チェンバー）

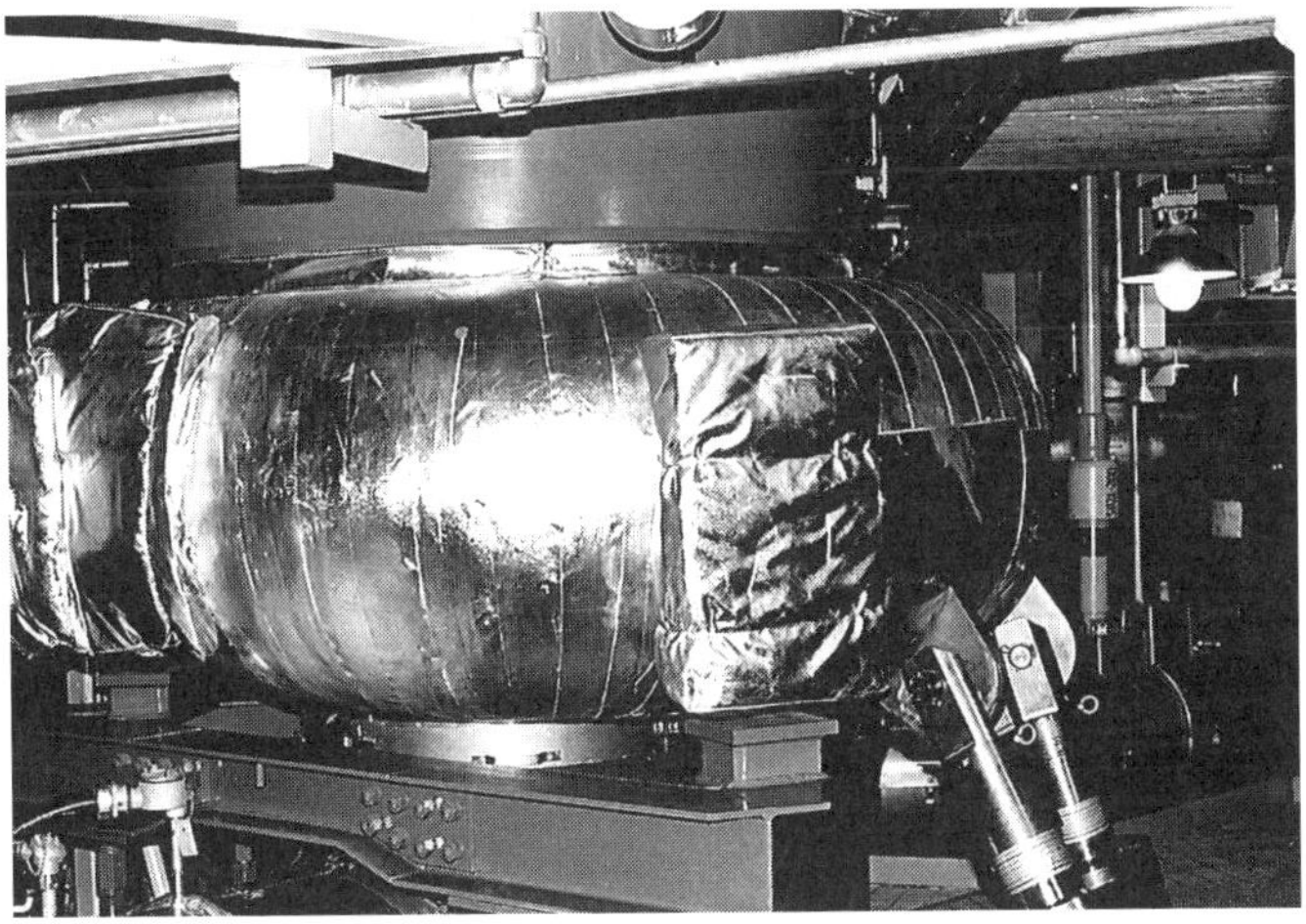

圧力抑制プール（サプレッション・チェンバー）

四機同時事故が対応を複雑にする

福島では、四つの原発が一度に事故を起こした上に、それぞれが異なる状況にあることが、事故への対応を難しくしている。運転中だった1〜3号機は、地震発生とともに自動停止したが、緊急時に炉心を冷やすESSC（緊急炉心冷却装置）が作動しなかった。

1号機は、三月一一日には水温が上昇して蒸発し水素を発生させ始め、同時に燃料棒の露出・溶融が始まった。三月一二日、早朝六時頃にはメルトダウンによって圧力容器が壊れる。午後三時三六分には水素爆発を起こし、原子炉建屋が破壊され、格納容器、電気系統など多くが損傷を受け、また放射性物質が大量に環境中に放出された。

2号機は、三月一四日夜に異常の発生が見られ、その時点で燃料の露出・溶融が始まったと思われる。一五日朝六時一〇分頃爆発音があり、これにより格納容器やサプレッション・チェンバー（圧力抑制プール、二二頁図及び二六頁写真参照）が破損したと思われる。原子炉内の冷却水が失われ、燃料棒がすべて露出し、メルトダウンが起き、圧力容器が壊れた。

3号機は、1号機と同様、三月一二日には水温が上昇して冷却水が失われ、燃料棒の露出、破損・溶融が始まり、同時に水素を発生させ始めた。三月一四日にはほとんど燃料が溶融し、圧力容器を壊した。また発生した水素が午前一一時頃に爆発を起こし、原子炉建屋を破壊、

原子炉の下部

内部も大きく破壊され、大量の放射性物質が環境中に放出された。しかもこの原子炉ではウランとプルトニウムを混ぜて燃やすＭＯＸ燃料が使われており、大量のプルトニウム汚染をもたらした可能性がある。ＭＯＸ燃料が使われていることに関して今回、政府やマスコミはなるべくふれないようにしてきた。

４号機は、停止中だったため、炉心には燃料棒がなかったが、貯蔵用プールには、大量の燃料棒が冷却中だった。その冷却機能が失われたため、燃料棒の崩壊熱によって燃料貯蔵用プールの水が蒸発、水素を発生させ始めた。また、燃料棒がむき出しになり、破損・溶融が始まったと考えられる。三月一五日朝六時頃に発生した水素が原因と思われる爆発が起き、建屋に破損が生じた。また一五日と一六日に、二度にわたって火災も発生している。

四つの原発では、それぞれ状況は違っていても、メルトダウンや爆発が起き、内部の破壊が進み、放射性物質が大気中や、海洋へと外部に垂れ流し状態になった。東京電力は、コントロールを失った状態で、対症療法で必死になって対策を講じざるを得なくなっており、それぞれ異なる危機的状況にあり、対応が異なることから、事故をどのように収束させるか、難しい対応が迫られている。

起こるべくして起きた事故

今回事故を起こした福島原発をはじめとして、東京電力は原子炉に沸騰水型軽水炉を採用している。これは当初、原子力産業が旧財閥ごとに五グループに分かれ、それぞれが電力会社と組み利権を漁っていたからである。五グループとは、三菱グループ、三井グループ、住友グループ、日立グループ、富士グループである。その中で東京電力は三井・日立グループと組み、米国GE（ゼネラル・エレクトリック）社からBWR（沸騰水型軽水炉）を導入した。関西電力は三菱グループと組み、米国ウェスティング・ハウス社からPWR（加圧水型軽水炉）を導入した。

原子炉の下にある制御棒駆動装置

そこには、利権を媒介にした政官財の癒着の構造が基盤として存在していた。さらには労働組合も、原発推進で協力し、原子力翼賛体制とでもいうようなものが、形成されてきた。

福島第一原発は、６機をもつ巨大原発基地である。すぐ近くにある福島第二原発を含めれば、狭いところに多数の原発が立地する、危険地帯を形成していた。

［福島第一原発］

１号機　出力四六万キロワット（運転開始一九七一年三月二六日）

２号機　出力七八万四〇〇〇キロワット（運転開始一九七四年七月一八日）

３号機　出力七八万四〇〇〇キロワット

（運転開始一九七六年三月二七日）
4号機　出力七八万四〇〇〇キロワット（運転開始一九七八年一〇月一二日）
5号機　出力七八万四〇〇〇キロワット（運転開始一九七八年四月一八日）
6号機　出力一一〇万キロワット（運転開始一九七九年一〇月二四日）
［福島第二原発］
1号機　出力一一〇万キロワット（運転開始一九八二年四月二〇日）
2号機　出力一一〇万キロワット（運転開始一九八四年二月三日）
3号機　出力一一〇万キロワット（運転開始一九八五年六月二一日）
4号機　出力一一〇万キロワット（運転開始一九八七年八月二五日）

すべてをあわせると、実に九〇九・六万キロワットに達する。世界で最も原発が密集した地域である。

福島第一原発の1号機は、日本原電の東海第一原発、敦賀原発、関西電力の美浜原発1号機に続く、最も古い原発のひとつである。第一原発自体は、福島県大熊町、双葉町にまたがって立地している。

同原発では、再循環ポンプのトラブルなど、さまざまなトラブルや事故に見舞われ続けてきた。ＧＥ社の技術者は、すでに一九七六年の時点で「核納容器の部材の腐食に対しては、何のゆとりも見込まれていない」と述べており、経済性を優先したため、安全性が軽視され続けてきた現実を告発していた。

今回、２号機でサプレッション・チェンバーの破損が起きている。この点についてＧＥの技術者は「部材の厚みを維持するためにサプレッション・チェンバー内の水にクロム酸塩防腐剤を添加しようとしたが、有害物質であり、使用できないことが分かり、結局、サプレッション・チェンバーの保守点検や修理は思うにまかせない」ことが分かったのである。壊れることは、すでに予告されていたのである（『技術と人間』一九七六年七月号）。このような警告はすべて無視され、運転は継続されていた。

しかし、この福島第一原発事故は、古いもろい原発だから起きたのではない、原発だから起きたのである。起こるべくして起きた核惨事である。これまでの原発の歴史は繰り返される事故の歴史であり、電力会社はその事故を教訓化せず、経済性を追求して今日の事態を招いたのである。

過去の原発事故の歴史は、福島の核惨事への道であった。その道を振り返ってみよう。

第2章　ウラルの核惨事への道

原発は原爆製造から始まった

原子力利用は、米国を中心に進められた原爆開発のための「マンハッタン計画」から始まった。この計画は、「ナチス・ドイツより先に原爆を作れ」という大義名分の下、科学者が総動員され、やがて広島・長崎に投下される原爆を開発したのである。原子力は核分裂連鎖反応を利用する。ウラン235の原子核に中性子をぶつけると、核分裂が起き巨大なエネルギーが生じる。その核分裂の際に同時に、二〜三個の中性子を発射させる。その中性子が次の核分裂をもたらす。次の核分裂の際にまた二〜三個の中性子が発射するため、核分裂が連鎖的に起きる。ねずみ算式に分裂が進むのである。これが核分裂連鎖反応である。これが瞬時に起きるため、莫大なエネルギーが発生する。その原理を利用したのが、原爆であり、原発である。

今回の事故でも、中性子が周辺を飛び交っていたという報告があり、後で否定された。もし飛び交っていたとすると、それはいったん自動停止した後、核燃料を覆っているさやが溶け、集積した核燃料が臨界状態に達し、核分裂連鎖反応を引き起こしていたと考えられる。臨界とは、核分裂を起こす物質が一定量以上に達すると、自動的に核分裂連鎖反応を起こすことをいう。

ウラン鉱山から採掘されたウランには、核分裂反応を起こすウラン235は、通常〇・七％と、わずかしか含まれていない。九九・三％は核分裂反応を起こさないウラン238で占められている。広島に投下された原爆は、ウラン235を一〇〇％近くにまで濃縮してつくられた。

原爆のような急激な反応ではなく、ウランの濃縮度を抑えて、コントロールしながら、ゆっくり爆発させ、そのエネルギーを発電に用いるのが原発である。通常はウラン235を三～四％くらいにまで濃縮した燃料を用いる。そのため、コントロールを失うと暴走が起きる。それが事故に至った場合、「暴走事故」、あるいは「反応度事故」という。ソ連（当時）チェルノブイリ原発で起きた事故は、この暴走事故である。

原爆にはもう一種類ある。ウラン235が核分裂反応を起こした際に発射する中性子を吸収したウラン238は、プルトニウム239に変わる。このプルトニウム239もまた、核分裂反応を起こし莫大なエネルギーを生み出す。最初は核分裂を起こさない役に立たないウラン238が「宝の山」に変身するのである。

しかもプルトニウムは、ウランとは化学的な性質が異なるため、容易に分離精製できることから、願ってもない原爆の材料になる。原子炉は、ウラン238をプルトニウム239に変える。長崎に投下された原爆は、プルトニウムでつくられていた。このプルトニウムは、毒性の強さがずば抜けている点にも特徴がある。

世界で最初に作られた原子炉は、原爆用プルトニウムの製造を目的に、ウラン235を燃やし、ウラン238をプルトニウム239に転換するために作られた。軍事利用のための原子炉である。当初は、原子炉が出す莫大なエネルギーは、不要のものとして、そのまま捨てられていた。しかし、その原子炉の中に水を通し、加熱・沸騰した水を利用すれば発電ができる、という考え方から、原子力の商業利用が始まった。そのため、原子炉には発電とともにプルトニウム生産という軍事的な側面が必ず存在する。それが、イランや北朝鮮などの原発建設でつねに問題となってきた。

原子力利用は、このように原爆開発から始まった。その原爆用プルトニウムを作り出すのが原子炉であり、プルトニウムを取り出すためにつくられた施設が再処理工場である。また、このプルトニウムは原爆の原料だが、同時に、原発の燃料にもなる。そのため、原爆製造のため開発された、使用済み燃料からプルトニウムを取り出す技術は、同時に、原発を運転する核燃料を取り出す技術でもある。東海村に再処理工場が造られ、稼働を開始したのが一九七七年であり、さらに六ヶ所村にスケールアップした第二再処理工場が建設された。

本来ならば、その再処理工場から取り出したプルトニウムを利用して、高速増殖炉が運転されるはずであった。高速増殖炉はプルトニウムを効率よくつくりだす原子炉である。原理的には、燃やした燃料よりも作られる燃料（プルトニウム）の方が多いという、「夢の原子炉」

として開発された。この高速増殖炉がうまく機能すれば、燃料のリサイクルの輪ができる。この輪を核燃料サイクルと呼んできた。ところが高速増殖原型炉「もんじゅ」が事故を起こして、その方針は大きく変更することを余儀なくされ、その中心に据えられたのが、ウランとプルトニウムを混合して、軽水炉で燃やす「プルサーマル」計画だった。その計画に用いられる燃料が「ＭＯＸ（混合酸化物）燃料」である。しかし、特性の異なる燃料が混合するため、原子炉の状態が不安定になるだけでなく、核燃料サイクルの輪を閉ざすことにもなる。福島第一原発３号機には、この「ＭＯＸ（混合酸化物）燃料」が使われており、この原子炉の核燃料から、大量のプルトニウムが環境中に放出されたと考えられる。

戦後の原子炉開発の歴史

第二次大戦の終結は、米ソを軸にした東西対立の始まりだった。戦後の原子力開発は、軍事用プルトニウムの生産を優先させ、それに商業用原子炉開発が後を追いかける形で進められた。

米国政府は核独占体制維持を目的に、一九四六年一月に国連原子力委員会に「バルーク案」を提出した。このバルーク案は、将来の核拡散に備えて、すべての国の原子力を国際管理しようというものだった。当時はまだ、ソ連は核兵器を保有していなかった。

この提案は、米国自身の核兵器維持体制をそのままにして、その他の国の核に関する研究開発・利用を管理するという、勝手なものだったことから、各国の反発を招いた。ソ連はこの提案に対して「核兵器禁止協約」を対案としてぶつけてきた。国連の委員会で、この両案は宙に浮いたままになり、核開発は進められていった。

米国政府は一九四六年八月に、マクマホン法を制定した。この法律は、海外への核拡散は、米国からの働きかけがない限りあり得ない、ということを前提につくられた原子力法であった。この法律に基づいて米国における原子力開発は軍の支配下、徹底した秘密主義で進められることになった。

ところがこのマクマホン法のもつ秘密主義が、米国における商業用発電炉の開発を遅らせる要因になった。もうひとつ遅らせる要因があった。それは軍が、商業用発電炉開発の本命を高速増殖炉においたことだった。

高速増殖炉開発は、原爆の開発に取り組んだマンハッタン計画とともにスタートした。エンリコ・フェルミは、核分裂反応の際に生じる中性子を用いれば、核燃料がつくれることに気がついていた。一九四二年一二月、世界で最初の原子炉がシカゴ大学の球技場のスタンドの下につくられた。それがシカゴパイル一号だった。この原子炉によってそのことが確認された。それ以降、米国での本命は、高速増殖炉となったのである。

一九四七年、ソ連はウラルのキシュテムにプルトニウム生産炉を完成させ、そこでつくられたプルトニウムを用いて、カザフ共和国（現在のカザフスタン）のセミパラチンスクで、最初の核実験を行なった（ウラルの核惨事参照）。一九四九年八月のことだった。マクマホン法によって秘密が保持され、ソ連はまだ当分原爆がつくれまいと考えていた米国政府にとって、衝撃的な出来事だった。何らかの形でソ連に対して情報を流した人物がいるはずだとして、ローゼンバーグ夫妻がスパイの嫌疑をかけられ逮捕され、処刑されるという痛ましい出来事が起きた。こうして世界核戦争の危機を孕んだ米ソ冷戦時代が始まったのである。

一九五三年、米国でアイゼンハワーが大統領に就任した。また、ソ連ではスターリンが死亡し、そして朝鮮戦争が終結した。それらの出来事が大きな転機となった。同年一二月、アイゼンハワーは国連で演説し、核燃料を国際組織で管理する「国際プール案」を打ち出した。その背景には、原子力の商業利用を進めるに当たって、ソ連に追い越され、英国にも追い越されつつあった、米国の原子力開発の現状があった。

発電用の原子炉を世界に売り込んでいくためには、核兵器の拡散というリスクを伴うことになる。それを国際組織をつくり防ぎながら、国内的にも、マクマホン法のもつ秘密主義から開放主義に転じていかなければならない。その上で、ソ連、英国の攻勢に対し、巻き返しを図っていかなければならない、その両方を睨んだ演説だった。

アイゼンハワーの考えは、核の寡占化を狙ったソ連などと利害が一致し、国際組織がつくられていくことになった。これがＩＡＥＡ（国際原子力機関）の誕生をもたらしたのである。こうして、原爆用プルトニウムや核燃料の国際管理と、商業用発電炉の開発、販売という相互に依存しながらも、相互に矛盾する問題をからませ、原子炉開発は進められていった。

米国では高速増殖炉が本命

アメリカでは、原子力の発電への応用は、当初から高速増殖炉が本命だった。この炉は、発電をしながらプルトニウムが増殖できることから、軍事・発電の併用炉として理想的だと思われていた。しかしその開発は難航をきわめた。

ソ連政府は、高速増殖炉よりもチャンネル型黒鉛炉の開発を先行させていた。一九五四年には発電用原子炉の実験炉、オブニンスク原発が稼働した。この原発は、つくりだすよりも消費する電力のほうが多いという代物で、プルトニウムを生産することを主目的とした軍事・発電併用炉であった。この実験炉の成果を踏まえて、ソ連政府はさらに、ウラルのチェラビンスク州トロイツクにシベリア原発を建設することを決定、一九五八年以降毎年、一〇万キロワット級の発電所を一機ずつ、計六機建設した。この原発は、冷却系を一次系と二次系に分けた「チャンネル型黒鉛炉」の最初のものだった。この原子炉もまた、軍事用プルトニウム生産を主目的にしたもので、プルトニウム生産炉の排熱利用技術といった方がよいものだった。やがてこのシベリア原発と同型炉のチェルノブイリ原発が大事故を起こすのである。

一九五二年には、英国が核大国に参入した。この年の一〇月、ハリケーンという暗号名をもったプルトニウム爆弾がオーストラリア西海岸の沖の島で爆発した。その英国が開発した発電用原子炉が、コールダーホール型炉だった。この原子炉が最初に稼働したのは、一九五六年一〇月のことだった。

日本に原子力を導入した最大の「功績者」は、当時、改進党の国会議員だった中曽根康弘と、読売新聞社長の正力松太郎だった。一九五四年に突然、原子炉予算二億三〇〇〇万円が提出され、わずか三日で国会を通過したのである。

日本で原子力委員会が創設されるのが一九五六年一月のことだった。そして当時の状況から最初の原子炉として、英国のコールダーホール型炉の導入が決定され、東海村に建設されることになる。この原子力委員会の初代委員長に就任するのが、正力松太郎で、彼は後に、初代科学技術庁長官にも就き、原子力推進の「立役者」となった。

原子炉には、さまざまな呼び名がある。高速増殖炉、軽水炉、チャンネル型黒鉛炉、コールダーホール型炉などである。この呼び名は主に、減速材と冷却材に何が使われているかで呼ばれる。減速材とは、中性子のスピードを減速させて核分裂が起きやすいようにするものである。冷却材とは、炉心の熱を伝え、最終的には発電用タービンを動かす水蒸気を作り出すものである。

高速増殖炉には減速材が使われていないため、「高速」という名が冠されている。また冷却材には金属ナトリウムが用いられている。軽水炉は、減速材と冷却材の両方の役割を軽水（普通の水）が負っている。チャンネル型黒鉛炉は、減速材に黒鉛が使われ、冷却材には軽水が使われている。コールダーホール型炉は、減速材に黒鉛が使われ、冷却材には二酸化炭素が使われている。

発電用原子炉の開発でソ連・英国に遅れをとった米国は焦った。そこで米国は、従来の高速増殖炉中心の開発から路線を変更して、原子力潜水艦の動力用に開発してきた軽水炉を発電用に転用し、巻き返しを図ることにしたのである。現在、日本にある原子炉はほとんどが軽水炉であるが、それによって高速増殖炉が終焉したわけではなかった。しかも軽水炉が抱えるさまざまな問題の出発点でもあった。

原子力潜水艦

世界最初の原子力潜水艦ノーチラス号が就役したのは、一九五五年一月のことだった。原子力潜水艦は、長時間の潜水能力を持ち、軍事的な優位性を保有できることから、開発が進められてきた。この原潜で動力として用いられている原子炉が、軽水炉であった。

原子力潜水艦は、同時に、米ソ間の核実験競争や宇宙開発とも深い関係がある。宇宙開発ではソ連が先行した。一九五七年八月、ソ連はまず、三段となった大陸間弾道ミサイル（ＩＣＢＭ）の打ち上げを成功させた。この打ち上げは、核兵器を積んだロケットを長距離飛ばすことを可能にしたことで、それまでの航空機を用いて運んでいたのとは、まったく異なる戦略・戦術を可能にした。さらに同年一〇月四日には、ミサイルに積んだ人工衛星スプートニクの打ち上げに成功した。さらにその二日後には、高空での核実験を行ない、米国を直接水爆で攻撃できる技術レベルを誇示した。さらにその一カ月後には、犬を乗せた人工衛星の打ち上げを行ない、米国政府に衝撃をもたらし、米国内で「ミサイル・ギャップ論争」が巻き起こったのだった。

米国政府が、このミサイル・ギャップを跳ね返すために、一九五八年一〇月にＮＡＳＡ（航空宇宙局）を設立、重点的に取り組んだのが人工衛星と原子力潜水艦の組み合わせであった。そして、一九六〇年一一月、ポラリス型ミサイルを搭載した原子力潜水艦ジョージ・ワシントンが就役し、米ソ間の立場が逆転した。原子力潜水艦は長時間潜航することができる上に、そこにミサイルを搭載すると、発射地点が固定されないため、位置が特定されることなく発射できることで優位に立てるからである。しかし原潜からのミサイル発射は、位置確認で軍事衛星の存在が必須であることから、人工衛星の持つ意味も飛躍的に重要になった。このように原発は、米ソ間の軍事的な競争と並行して、開発が進められてきたのである。

この原子力潜水艦でも事故は繰り返し起きている。その代表的な事故例が、一九九八年に起きた、英国のポラリス型ミサイルを搭載した原子力潜水艦レゾリューションで発生した事故である。このレゾリューションが、スコットランドにあるドックに入っているときのことだった。電源に故障が発生して水の循環が停止した。補助電源も作動しなかった。水温は上昇を続け、原子炉そのものが破壊される寸前までいった。この事故では、なぜ電気が流れなくなったかは不明だが、福島第一原発事故と同様に電気系統が故障したときの怖さをまざまざと見せつけたのだった。

事故は、ソ連（現在のロシア）でも起きている。軍用砕氷船「レーニン号」が、一九六六〜一九六七年頃にメルトダウン事故を起こしたのだ。場所は、北極圏にいたときで、二七〜三〇人が死亡したと推定されている。日本近海にも原子力潜水艦や空母が頻繁に行き来している現実がある。陸にある原発だけでなく、海の原子炉も危険な存在である。しかも、このような事故は、軍事機密ということで隠されるのが当たり前になっているため、ある意味ではもっと危険といえる。

軽水炉の時代へ

この原子力潜水艦で使われていた軽水炉を用いて、米国で新たな原子炉開発が始まった。それが高速増殖炉にとって代わり、主流となっていくのである。

軽水炉が米国内で稼働を始めるのが、福島原発と同型の沸騰水型軽水炉（ＢＷＲ）で、一九五七年、アルゴンヌ国立研究所内でのことで、まだ実験炉レベルだった。最初の本格的な軽水炉は、関西電力などが採用している加圧水型軽水炉で、一九五八年に運転を始めたシッピングポート原発だった。この六万キロワット級の軽水炉は、発電用タービンを稼働させるための蒸気を作り出す蒸気発生器を、実に四つも持つ、今では考えられない構造をしていた。それは、ひとつが故障を起こしても他のもので運転を続けるという、経済性を優先したものだった。

また、この原発では燃料棒の損傷が一％まで容認された。今では信じられないことだが、これも燃料棒の安全性を厳しくすると、発電コストを上げてしまうというのが、その理由だった。

軽水炉は、このように安全性よりも経済性を優先するところからスタートを切ったのである。その設計思想は、今日まで受け継がれているといえる。

高速増殖炉で事故発生

米国では、軽水炉へ徐々に移行を始めたとはいっても、高速増殖炉の開発も平行して進められていた。その高速増殖炉で、同国で最初の事故が発生した。高速増殖炉の高速とは、すでに述べたように、中性子を減速させないで運転することであり、増殖とは、燃料に用いたプルトニウム（あるいはウラン）よりもさらに多くのプルトニウムを生産することを意味している。中性子を減速させないのは増殖を目的としているからで、この原子炉は、プルトニウムの増殖に主要目的がおかれているのである。

一九四六年に最初の高速増殖炉の実験炉クレメンタイン炉が臨界に達した。ただしこの実験炉は発電用タービンとはつながっていなかった。発電用タービンとつながった最初の実験炉、アイダホ国立原子炉試験場に設置されたＥＢＲ―１（熱出力一二〇〇キロワット、電気出力一五〇キロワット）が臨界に達したのは一九五一年一二月のことだった。

高速増殖炉は、発電用タービンと繋がると、途端に技術的困難性が大きく増幅する。このＥＢＲ―１は、結局、二〇〇ワットの電球四個をともすくらいのわずかなものだったが、突然温度が上昇するという現象に悩まされつづけ、事故の不安が絶えずつきまとっていた。

高速増殖炉の技術的難しさの一つに、中性子を減速しないで用いるため運転が極めて不安定になる点が上げられる。軽水炉に比べ遅発性中性子が少ないため、コントロールの幅が狭く、一瞬の手遅れが大惨事につながってしまう不安を抱えている。その不安が現実のものになるのが、一九五五年一一月二九日のことだった。

その日、ＥＢＲ―１で、実験運転が行なわれていた。ＥＢＲ―１は、突然温度が上昇するという現象に悩まされつづけていたため、その原因追及のために、繰り返し実験が行なわれていた。その日も、その実験中だった。ところが燃料棒が曲がり、原子炉の出力が急上昇を始めた。この実験炉の燃料棒のさやの融点は四八〇℃であった。余裕がないためアッという間に燃料棒のさやが溶け出し燃料が露出する危険性があった。運転員があわてて制御棒を下ろしたが間に合わなかった。原子炉の内部はすでに一一〇〇℃まで達し、炉心の半分近くが溶融していた。事故は瞬間に起き、炉心溶融に突き進んだ。最初に経験した炉心溶融事故だった。この時は、燃料にはまだプルトニウムではなく、ウランが用いられていた。もし、プルトニウムが使用されていたら、溶融した燃料の塊が臨界に達し、核爆発事故を引き起こしていた、と考えられている。実に恐ろしい事故だった。

初期の原発事故

世界的に見ると、最初の原発事故は、米国での高速増殖実験炉ＥＢＲ―１事故の前に、カナダですでに起きていた。カナダで開発されたＮＲＸ炉と呼ばれる原発で起きた事故である。この事故は、繰り返される原発事故史上、最初の事故となった。

一九五二年一二月一二日、カナダ・オンタリオ州チョークリバーに発電用につくられたＮＲＸ炉で、ある実験が行なわれていた。そのため低出力での運転がつづいていたが、作業員が、運転とは関係ない仕事で、間違って制御棒を上げてしまった。核分裂連鎖反応が始まった。警報のランプが鳴り、あわてて制御棒を下げる操作がとられた。警報ランプは消えたが、制御棒は完全には下がっていなかった。そのため、制御棒を完全に下げるよう指令が出された。

その指令が間違って伝えられた。制御棒は引き抜かれ、暴走事故が始まった。暴走が始まれば、警報が鳴り炉を停止させる安全装置が働くことになっていた。それが働かなかった。安全設計が、非常事態が発生しても働かなかったのだ。最後の手段として冷却材が流し込まれて、やっと暴走を止めることができたのである。多くの人が被曝し、炉心は破壊された。起きてはいけない事故が、安全設計の仕組みをかいくぐって、起きてしまったのである。

空軍基地爆撃機が墜落炎上事故

一九五六年七月二七日にイギリスで起きた事故は、もしその時、報道されていたら、世界中が核の恐怖に戦慄したであろう「大事件」だった。

イギリス・レークンヒース空軍基地に米空軍のＢ47爆撃機が墜落炎上した。炎が近くにあった貯蔵庫を覆った。その貯蔵庫には、実は原爆が納められていたのだった。必死の消火活動によって、原爆にまで火が達するのを防ぐことができた。危機一髪だった。この事実は、約二〇年後にアメリカの地方紙によって暴露され、一般の人が知るところとなった。

この事件は、原子力施設がある所に航空機等が墜落炎上した際の恐怖を想像させる。米軍基地、自衛隊基地、民間の飛行場と、日本中至るところに航空施設があり、数多くの墜落事故も起きている。けっして、ありえないことではない。とくに三沢基地を近くにもち、大量の放射性物質を抱えている六ケ所村の核燃料サイクル基地などは、もっとも危険な地帯といえる。

また一九六一年には、米国ノースカロライナ州で、パトロール中の戦略爆撃機Ｂ‐五二が、その右翼を破損して空中分解を起こす事故を発生させ、水爆二個が落下した。一つは、パラシュートが開き無事回収されたが、一つは落下し地面に激突した。幸い、爆発には至らなかったが、爆発を防ぐ安全装置六個の内、五個までが衝突の衝撃で外れていた。爆発を防いだのは残りわずか一つの安全装置だった。もし爆発していれば、広島に投下された原爆の一六〇〇倍の威力を持った水爆が、米国内でさく裂していたのである。

ウインズケール事故

歴史に残る最初の大事故は、一九五七年一〇月八日、英国ウインズケール1号機で発生した火災事故だった。この原発では、日本でも東海原発1号機にとり入れられた、コールダーホール型と呼ばれる原子炉が用いられていた。この原子炉に減速材として用いられている黒鉛は、高速中性子に絶えず攻撃されるため、大量のエネルギーを蓄積させる。減速材とは、すでに述べたように中性子を減速して核分裂を起きやすくする材料のことである。

英国ウインズケール1号機では、黒鉛に蓄積していた大量のエネルギーを放出させるため、「ウイグナー放出」と呼ばれる作業が、前日の一〇月七日から行なわれていた。作業は、最初に黒鉛を少し加熱すれば、後は自然にエネルギーが放出されるはずだった。ところがその日に限って、加熱した後、高くなるはずの炉の温度が、逆に下がっていった。そのため、翌八日朝から原子炉を加熱するため、制御棒を引き上げて核分裂反応を活発にする作業が行なわれた。その時、燃料棒のさやが破れて燃え始めたのである。炎は、たちまち原子炉内に広がり、煙突からは猛烈な勢いで放射能が放出された。

大事故だと確認されたのは、午後になってからだった。手の打ちようがなかった。水が注入されることになった。これは大いなる賭けだった。水をかければ水素が発生するため、水素爆発が起きる可能性があった。もし爆発に至れば、さらに大量の放射性物質が放出され、最悪の事態に至る。水の注入は二四時間つづき、水素爆発も起こらず、やっと事故はおさまった。原発事故では、水素爆発の危険性がいつも問題になってきた。福島第一原発では、その水素爆発が二つの原発で起きた。その水素爆発との闘いの出発点となった事故といえる。

原発事故は、終息させることが難しいことが、示されたケースでもある。しかも、いったん放出された放射能は、取り返しがつかない状態で環境を汚染しつづけることになることも示された。福島の核惨事の原型が、すでに示されていたのである。

ウラルの核惨事

初めての大規模な核惨事は、ソ連（現在のロシア）で起きた「ウラルの核惨事」だった。この核惨事の原因は、そこに至るソ連の核開発の経過に凝縮されている。

ソ連の科学者の間で、核物理学が新型爆弾の開発に応用される可能性が考えられ始めたのは、第二次大戦が始まる直前のことだった。その時すでにソ連科学アカデミーの内部に研究委員会を設置して、核分裂連鎖反応について検討を開始している。しかし、ドイツ軍がソ連に侵攻したことでその検討は、一時中断する。その後、米国でマンハッタン計画が始まるのと並行して、原子力開発計画がスタートした。それはイゴール・クリチャトフが一九四二〜

四三年頃、モスクワ郊外に、当初は「アカデミー二号研究所」後に「原子力研究所」と呼ばれた研究施設を作ったところから始まった。しかし、当初、研究のペースははかどらなかったと見られている。それを一変させたのが、米軍による日本への原爆投下だった。

一九四五年二月四日、米英ソの三国首脳によって開催されたヤルタ会談で、米トルーマン大統領はスターリンに、新型爆弾の完成を耳打ちした。それは、戦後を睨んだトルーマンの戦略だった。その時スターリンは、動揺を見せず、直後に原爆製造を急ぐよう指示したのだった。しかし、まだ先は見えない状態での指示だった。それに追い打ちをかけたのが広島・長崎への原爆投下だった。これによってソ連政府は原爆製造に向けて全力投球することを決定した。スターリンの七〇歳の誕生日までに何が何でも最初の核実験を行なうことが、国を挙げて義務づけられたのである。一九四六年には初めての実験用原子炉が作られ稼働を開始した。

それと平行して新しい核軍事基地の建設が進められた。その都市建設には、反体制知識人などの囚人が使われたという。その中心的な都市がウラルにあるキシュチムだった。一九四七年、米国のスパイ飛行の目から逃れるため、そのキシュチムの近くの森の中に原子炉と再処理工場を組み合わせた軍事用プルトニウム生産工場の建設が始まり、その年クリチャトフもキシュチムに移り、翌四八年その炉を稼働させたのである。これが秘密工場「チェリャビンスク七四〇」で、米国ＣＩＡの暗号では「ポストボックス四〇」と呼ばれるものだった。ソルジェニチンによれば、このチェリャビンスク七四〇の建設にかかわった囚人たちは、作業が終わった後、刑期が終わっても帰宅が許されず、シベリアに移されたという。「ウラルの核惨事」の著者Ｚ・Ａ・メドベージェフによれば、それは核惨事の犠牲にならず大変幸運なことだったことになる。

とにかくスターリンの七〇歳の誕生日までに原爆第一号を製造することが至上命令だった。余裕は与えられなかった。そして、一九四九年八月二九日、最初の原爆「ＲＤＳ―１」、米国名「ジョー一号」の核実験が成功する。ちなみにスターリンの七〇歳の誕生日は、その年の一二月二一日だった。ジョーとは、スターリンの名前に由来する。しかし、この無茶な命令が、ウラルの核惨事を引き起こす引き金となったのだった。

このチェリャビンスク七四〇で作られた原爆が、やがて中央アジアのセミパラチンスク近郊で繰り返し実験されることになる。その後、ソ連は、セミパラチンスク近郊に加えて、北極圏の二つの島であるウランゲリ島、ノーバヤゼムリア島の三カ所で、核実験を繰り返した。ソ連における核燃料や軍事用プルトニウム生産の拠点は、長い間、このウラルの工場の一カ所だった。一九五四年に稼働を開始したオブニンスク原発の燃料も、ウラルから届けられた。

そのウラルで大爆発事故が発生した。それがウラルの核惨事である。その原因は、いままでも闇の中にある。公式的な見解は次のようである。ウラルではプルトニウムを取り出すための再処理工場から出る高レベル廃棄物は、工場から一・五㎞ほど離れたところに作られた鋼鉄とコンクリートでできたタンクに入れられ、内壁にコイル状に設置したパイプに水を通して冷やしていた。しかし、パイプを内側に設置したため水漏れが起きても修理できず、水を止めたため温度は上昇し、廃棄物が乾燥し始めた。その結果、爆発性が高い硝酸塩と酢酸塩が表面にでき、爆発事故が起きた、というのが公式的な発表である。核爆発ではなく、化学的な反応による爆発事故であるというのである。

廃棄物が臨界爆発

しかし、これは真実を伝えていない、というのが『ウラルの核惨事』（技術と人間刊）の著者で、亡命科学者のZ・A・メドベージェフである。それが「廃棄物の臨界爆発説」である。米CIAなどが得たデータや資料などを当たり、当時、現場にいた人の証言を集めて到達した結論である。それは、次のようなものである。

原子炉でプルトニウムを生産するため燃やされた使用済み燃料は、高熱を発生させているため、いったん冷却保存されることになっていた。しかし、スターリンの七〇歳の誕生日に行なわれる記念式典に間に合わせるという至上命令のため、そのような余裕は与えられなかった。また再処理の過程で、プルトニウムの分離を繰り返し行なえば行なうほど、抽出量は増えるが、まだ抽出法が確立していなかったうえに、原爆製造を急がせていたため、多くのプルトニウムが残った状態で廃棄物として捨てられていた。低レベル廃棄物は、地面にしみこませるように捨てていたため、難溶性のプルトニウムは、土壌に付着して固定・蓄積していった。その蓄積が臨界量に達し、一九五七年九月のある日に爆発したのである。まるで火山のような噴出が見られたという。

吹き上げられた放射能の雲は幅八～九km、長さ一〇〇km以上、汚染地域は一〇〇〇平方kmに及び、一年半の間に一万人以上の人が避難したという。

この核惨事を追跡調査したのが米ＣＩＡである。まだ人工衛星が飛んでいない時代であり、スパイ航空機Ｕ２型機がソ連上空から偵察を繰り返していた。そのスパイ飛行が最も力を入れて偵察を繰り返していたのが、ウラルの核施設だった。その偵察は、一九六〇年にＵ２型機撃墜事件が起きるまで続けられた。

ソ連政府はこの事故をずっと隠しつづけてきた。発表されたのは、一九八九年六月のことだった。実に三二年ぶりのことである。ニキペロフ中型機械工業省第一次官による事故の経過発表では、最初に紹介したように、事故の原因は引火による化学物質の爆発であり、避難によって死者や急性障害の発生はなく、がんについても目立った影響は見られなかった、という信じられないものだった。

　実際に起きた被害は深刻だったと推定できる。衛星を用いた分析では、いまなお二〇〇平方km以上の汚染地域が閉鎖されているという。また、これだけ広大な汚染範囲をもたらした事故の原因として、いかに当時の気象条件が悪かったとしても、化学爆発とは思えない、とZ・A・メドベージェフは指摘する。

　メドベージェフは、ウラルからイスラエルに移住した人の証言を得ている。それによると、事故直後、近くの都市の病院の中はこの核惨事の犠牲者で一杯だったという。その後、ソ連の『トルード』紙に避難の様子が掲載された。事故直後、人々は強制的に退去を求められた。その後、村々には火が放たれ地平線が赤く焼けるのを恐ろしさで一杯な気持ちで眺めた、という。この核惨事で三〇の村が地図から消えたという。この頃ソ連では、住む人々はもちろん、村の存在自体が抹殺されてしまったのである。

　放射能汚染は、人々から故郷や住む場所を奪う。後で述べるチェルノブイリ事故では四〇〇を超える村が捨てられた。福島で避難した人々は、いつ故郷に帰ることができるのだろうか。悲劇は、繰り返される。

　キシュチムでは、こんなことも起きていた。核軍事施設の南東方向すぐにある湖に、放射性廃棄物が捨てられ続けたのである。ソ連政府が後に発表したところによると、一九五〇年代から始まり一九八七年にプルトニウム生産炉が停止されるまでの三十数年間捨てられ続けたことになる。宇宙衛星からの映像では、その湖は一面灰色の物質で埋め尽くされていた。ジャーナリストによる現地報告では、すでにその湖は土がかぶせてあったという。おそらく低レベル放射性廃棄物が捨てられていたと思われるが、もしかすると高レベル廃棄物も捨てられていた可能性がある。いずれにしろ湖沼が多い地域でのこの乱暴な廃棄物投棄は、生態系に大きな影響をもたらし、巡り巡って人間に戻ってくる可能性もある。福島では、放射能は大気を汚し、汚染水が海に流され続けている。それは巡り巡って人間に戻ってくる。さらには事故を終息させる作業と並んで、発生する膨大な量の廃棄物処分が問題になってくる。その処理を間違えれば、再び大規模な汚染問題が発生することになる。

臨界事故

ウラルの核惨事は臨界事故だったことが、有力視されている。原子力施設では、頻繁に臨界事故や爆発事故、火災事故などが起きている。死亡事故となった臨界事故も起きている。日本でも、一九九九年九月三〇日に発生した、東海村にある核燃料工場、ジェー・シー・オーの臨界事故で死者が出ているが、ずっと以前に起きた、死亡事故となった臨界事故例としては、一九五八年一二月三〇日に、米国ニューメキシコ州ロス・アラモス国立研究所で起きたケースがある。この事故で、四人の被曝者が発生したが、そのうち一人が頭部に一二〇シーベルト、全身に三〇シーベルトという、致死量をはるかに超える放射線を被曝して、三五時間後に亡くなっている。

ＳＬ１炉・暴走事故

一九六一年一月三日、米国アイダホ州国立原子炉試験場ＳＬ１炉で暴走事故が発生し、宿直の作業員三人全員が死亡した。この原子炉は、沸騰水型の動力炉だった。事故の原因は、制御棒を急激に引き上げたため、暴走を始めたのではないかと考えられている。重量一三トンの原子炉容器が一メートル近くも飛び上がり、すべての管が無残に千切れていたという。大量の放射能が建屋の中に充満して、作業員は即死状態だった。事故の最初の犠牲者は、ほとんどの場合、現場の作業員である。

エンリコ・フェルミ炉事故

ＥＢＲ―１の大事故の翌年、一九五六年、大型の高速増殖炉実験炉エンリコ・フェルミ炉（熱出力二〇万キロワット、電気出力六万六〇〇〇キロワット）の建設が、デトロイト近郊のラグナビーチで始まった。

この原子炉もまた多難な道を辿ることとなったのである。原子炉の開発は、まず実験炉から始まり、次に原型炉がつくられさまざまな技術的問題点が検討され、さらに実証炉がつくられ、その次にやっと商用炉がつくられるようになる。高速増殖炉エンリコ・フェルミ炉はまだ、実験炉の段階である。

一九六二年一一月、試験中のこの原子炉で、冷却剤に用いられているナトリウムが噴出して燃え出した。ナトリウムは発火しやすく、水と接触すると爆発反応を起こす厄介な金属である。そのナトリウムが燃え出した、同原発での最初の事故だった。原子炉にはまだ核燃料が装荷されていなかったため、ことなきをえたが、もし装荷されていれば大惨事になったかも知れなかった。

一九六三年八月からこの実験炉は長いテスト期間に入った。このテストもトラブルつづきだった。やっと一九六六年に入り、本格的な稼働に向けて八段階に分けて徐々に出力を上げていくところまでこぎつけた。同年一〇月五日、目標の半分の出力である一〇万キロワットを目指して試験が行なわれていた。試験は順調に進んでいた。ところが、突然非常事態の警報が鳴り響き、放射能が漏れ始めたのである。

事故の原因は、原子炉内部の金属片が剥がれ落ち、それがナトリウムの流れを変え燃料棒を溶融させ、そのことがさらにナトリウムの流れを歪め、燃料集合体を変形させてしまったのである。大規模な炉心溶融、住民避難という最悪の事態は避けられたものの、エンリコ・フェルミ炉はそのまま運転を再開させることなく、一九七二年八月に廃炉となったのである。

実験炉エンリコ・フェルミ炉が大事故を起こしたにもかかわらず、テネシー州クリンチ・リバーに原型炉（熱出力九七万五〇〇〇キロワット、電気出力三八万キロワット）を建設する計画が進められた。一九六〇年代後半から一九七〇年代に前半にかけて、この原型炉、さらにはその次の実証炉の研究・開発のために、エネルギー研究に関する国家予算の約半分が注ぎ込まれたのである。ちなみに、地熱・太陽エネルギーに対しては、わずか一％前後であった。増殖炉に湯水のように予算を注ぎ込むことに対して、激しい批判が起き、国をあげての論争が闘わされた。

その後、カーター大統領によって、高速増殖炉凍結が打ち出され、いったんは原型炉クリンチ・リバーの建設も中止になったかに見えた。ところが次に登場したレーガン大統領が突如、建設再開を言い出したことによって、事態は逆転した。

この再開宣言によって、設計、発注、整地などが進行した。しかし、レーガン政権の経済政策、レーガノミックスによって、軍事予算が激増、国家財政は赤字を膨らましていた。国家財政が逼迫しているときに、高速増殖炉はさらに赤字を膨らます要因となった。建設のための費用が、予想以上にかかることが分かり、ついに予算が打ち切られ、建設断念に追い込まれるのである。この原型炉の中止とともに、次のステップに当たる実証炉の研究予算も打ち切りとなった。一九八三年のことだった。こうして米国での高速増殖炉開発は挫折、正式に終焉を迎えたのである。その高速増殖炉をいまだにあきらめない唯一の国が、この日本である。

輸送事故・軍事事故

場所と時間を選ばない事故で、とくに危険なのが、移動の際の事故である。避難が難しい。日本中を核燃料や、使用済み燃料が行き来している。交通事故のような日常的に頻発している事故に遭遇すれば、放射能汚染が想定できない時間に、想定できない場所で起きる可能性がある。

一九七一年一二月八日、米国テネシー州クリントンの近くの国道で、トラック事故が発生した。運搬していたのは、重さ二二・五トンの容器だった。その容器が転がり落ち、運転手は死亡した。その中には原発で使用する燃料が入っていた。幸い、環境中への放出は免れたものの、一歩間違えれば大変な汚染事故につながっていた。

一九七五年一二月九日、英国において、日本から輸送されてきた使用済み燃料を積んだ貨物列車が脱線転覆する事故が起きている。いずれも、日頃、放射能汚染事故と無縁と考えていた道路沿いや線路沿いの人々に、汚染が襲いかかる可能性を示した事故である。

さらに時間を経た一九八四年八月二五日、英仏海峡のベルギー沖で、フランスの貨物船モン・ルイ号が西ドイツ（当時）のカーフェリーと衝突、沈没した。この貨物船には、六フッ化ウラン二二五トンが積まれ、ソ連に向けて進んでいた。

トラックに積まれたまま、燃料の入ったキャスク（輸送容器）は、海底へと没した。不幸中の幸いだったのは、水深一五mの浅いところでの沈没だったことだ。それでも引き揚げは、困難をきわめた。六フッ化ウランは、水と激しく反応して猛毒物質を生成する。燃料が漏れ出ていたら、事態は取り返しがつかなくなっていた。

事故は、原発や原子力施設だけで起きるわけではない。軍事基地、輸送ルートと見ていくと、日本全国が核汚染事故に被災する可能性がある地域だということが分かる。

日本分析化学研究所事件

原子力というと事故隠し、データねつ造などが常習化しており、福島でも政府や東京電力による情報操作に批判が集中した。この事故隠し、データねつ造の先駆けのような事件が一九七四年に発覚した。財団法人・日本分析化学研究所事件である。この年の一月二九日、衆議院予算委員会で、米原子力潜水艦や原子力空母の母港化にともない行なわれてきた放射能汚染調査データが、実際に測定されていないのに、測定されたとして報告されていたことが、日本共産党によって暴露された。同研究所はその他にも、原発の汚染調査、重金属や化学物質の汚染調査などを、国、自治体、企業の委託を受けて行なっていた。

この調査は、科学技術庁（当時）の委託を受けて行なわれていたもので、ねつ造発覚の発端は、同庁と日本分析化学の間で行なわれた贈収賄事件が暴露されたことによる。一九七二年度に科学技術庁が同研究所に委託した原潜や原子力空母の放射能汚染測定件数は三七〇一件だった。これに核実験、原発による汚染調査を加えると、実に九一九八件に及んだ。この分量を二台の手動計測器と一台の自動計測器、二人の測定員からなるセクションでこなしていたことになる。ところが実際の処理能力は、半分も満たない程度だった。そこで、他の測定結果をコピーして、書類をそろえ「問題なし」としていたのである。実に稚拙なねつ造だったが、原子力だから起きた事件である。

第3章　スリーマイル島原発事故への道

美浜原発燃料棒折損事故

日本で長く隠されつづけた事故がある。それが、一九七三年三月に美浜原発1号機で起きた燃料棒折損事故である。

燃料棒のうち二本の上部七〇㎝ほどが折れていたことが、定期検査で発見された。燃料棒を覆っているさやのかけらとともに、中に詰められていた燃料のウランが炉の底に崩れ落ちていた。

さやは、燃料や死の灰を封じ込める役割を果たしている。そのさやが壊れていた。封じ込められていた放射性物質が、冷却水を汚染していたという事故である。

深刻な事態である。というのは、折損によってかけらができると、早いスピードで流れている冷却水によって、次々と燃料棒が傷つけられる恐れがある。炉心は、極めて危険な状態にあった。寸前で大災害は免れたといえる。

しかし、この事故は長い間、隠された。関西電力が事故の事実を認めたのは、三年以上経った、一九七六年一二月七日であった。

原発ではいつも事故が隠されたり、ねつ造されたり、過小評価されてきた。事故隠しは、原子力の体質であることを象徴したケースだった。

廃棄物処理場の汚染事故

原発はトイレのないマンションに喩えられてきた。放射能は煮ても焼いても毒性を弱めることができない。廃棄物の処理方法がないのである。時間の経過だけが、放射能を弱めることができる。対策は、時間の経過を待つだけである。しかし、単に待つだけでは処理とはいえない。環境中に漏れでないように厳重に管理しながら待つのである。

一九七三年六月八日、マンハッタン計画の一中心地であったワシントン州ハンフォードの原子力施設で、廃棄物を管理していたタンクの底から大量の放射性廃液が地中に漏れ出ているのが見つかった。漏れ始めたのは、四月二〇日頃からで、一日約九〇〇〇リットル、計約四四万リットルの高レベル放射性廃棄物を含んだ廃液が地中に漏れ出ていた。地中にしみこんだ廃液は、やがて地下水を汚染し始め、取り返しがつかない汚染を引き起こしたのである。汚染事故は、これだけにとどまらなかった。ハンフォードでは、一九五八年から一九七三年までに一五基のタンクから、総計約一六〇万リットルもの放射性廃液が漏れ出ていたのである。廃棄物管理の難しさを示した事故だった。

廃棄物の管理は、厳重さが求められている。ハンフォードは軍事施設である。この事故のように軍事施設では、例外なく安全性は二の次にされてきた。ソ連では「ウラルの核惨事」

でみたように、管理すらされていなかった。これに対して原発では、どこでも厳重な管理が求められてきたし、そのはずだった。今回、福島第一原発事故では、この厳重管理の原則が崩れた。放射性廃液が大量に海に流し続けられた。ウラルの核惨事に次ぐ、水系の環境破壊であり、海を放射能で広範囲にわたり高濃度で汚染した初めてのケースである。

現在、日本の原発がつくり出す核のゴミは六カ所村に集まっている。まもなく一杯になる高レベル廃棄物に関して、国は地下深くに埋める地層処分をもくろんでいる。しかし、半永久的に管理しなければならず、いつ漏れ出して地下水を汚染するか分からないため、捨て場所がないのが現実である。現在、その地層処分の実験が北海道の幌延と岐阜県の東濃で行なわれており、地下深く掘削は進んである。引き受け手がない場合、そこが処分地となる可能性が強まっており、周辺住民の間で警戒感が強まっている。

原子力船むつ漂流

一九七四年八月二五日は、国家プロジェクトとして開発されてきた原子力船「むつ」の出港の日のはずだった。しかし、漁民などの強い反対運動によって出港断念に追い込まれるのである。当分出港しないと、日本原子力船開発事業団の幹部が繰り返し明言していたにもかかわらず、翌八月二六日未明、「むつ」は嵐の中を強行出港したのである。夜逃げ同然だった。

地層処分の実験が行なわれている幌延の地下施設

八月二八日、その「むつ」で、原子の火が点った。ところが、直後の九月二日、出力上昇中に放射線漏れが起きたのである。そのときの出力は、フル稼働の時のわずか二％のことだった。すべての実験計画は中止になった。漁民など多数の市民の反対運動が待っている、夜逃げ同然で飛び出した母港には、もはや帰ることができなかった。「むつ」はその後、五〇日間、太平洋上を漂流をつづけることになったのである。これまた、原子力行政のゆがんだ実態を象徴する出来事だった。

ブラウンズ・フェリー原発火災事故

原発は、多重防護で守られているはずだった。東京電力など電力会社は、よく五重の防護で守られている、と言ってきた。燃料を入れたペレット、燃料棒のさや、圧力容器、格納容器、原子炉建屋である。また、緊急炉心冷却装置など、緊急時の対応なども含めて、多重防護と言ってきた。その多重防護が簡単に破られてしまう、そういう事故が米国で発生した。一九七五年三月二二日、米国アラバマ州にあるブラウンズ・フェリー原発で、ひとりの電気技術者が、制御室の真下にあるケーブル室で空気漏れの状態を見るために、ローソクの火を用いて調べていた。そのローソクの火が、ふとしたはずみでポリウレタンフォームに燃え移った。火はさらに一六〇〇本もの室内を走るケーブル伝いに燃え広がった。

室内は火の海となった。運転中だった二基の原子炉の内、一機は停止できたものの、もう一機は安全装置が作動せず、運転が継続状態で七時間も火災はつづいた。逃し弁も作動不能、給水装置も使用不能となり、制御棒駆動用ポンプを使っての一時給水で、辛うじて最悪の事態に至る道は脱することができた。たった一本のローソクの火によって、幾重にも施してあったはずの安全システムが、すべて役に立たなかったのである。このような事故がくり返されているうちに、ついに大きな原発事故が、米国で起きてしまう。

スリーマイル島原発・炉心溶融事故

一九七九年三月二八日未明午前四時頃、アメリカ・ペンシルベニア州サスケハナ川に浮かぶスリーマイル島原発2号機で事故が発生した。今回の福島第一原発事故、チェルノブイリ原発事故と並ぶ、原発事故史上忘れることができない巨大事故が起きたのである。事故当時、アラームはけたたましく鳴りつづけ、ズラッと並んだ運転台のアラーム・ランプは、まるでクリスマスツリーのように点滅したという。一時冷却水の喪失が起き、炉心の三分の二が水面上に露出した。炉心の露出が大量の水蒸気と水素を発生させ、爆発事故を引き起こし、放射能が大量に環境中に放出された。

安全性に万全を期したはずの原発で、その要の位置にあるコンピュータが誤算だった。原発に何が起きたかをコンピュータはすぐに知らせ、対策が立てられるようになっていた。そのコンピュータが、まったく役に立たなかったのだ。情報は瞬時に処理されていたのに、プリントに打ち出すのに時間がかかり過ぎた。事故発生後一時間後に打ち出された情報は、実に事故後一四分後の情報だった。事故直後の四六分の遅れは決定的だった。しかも「?」や嘘の情報も多数送り出していた。オペレーターが情報との対応に振り回されたことが、結果的に事故を大きくしたのである。原発は、コンピュータで管理しないと運転はできない。電気系統がおかしくなると、制御不能になる。そのことを示した事故だった。福島でも電気が失われ、制御ができなくなった。スリーマイル島事故の教訓は、生かされることはなかったのである。

スリーマイル島原発は、加圧水型軽水炉だった（九五頁の図参照）。この原子炉の特徴は、冷却系が、一次系と二次系に分かれている点にある。福島第一原発が採用した沸騰水型軽水炉が、炉心を通る水がそのまま発電用タービンを回すのと違い、冷却系が、炉心を通り加熱される一次系と発電用タービンを回す二次系に分かれており、その一次系の熱を二次系に伝える役割を果たしているのが蒸気発生器である。

二次系の冷却水は、蒸気発生器で熱を得て、蒸気を発生させ発電用タービンを回した後、復水器で川の水によって冷やされ、再び蒸気発生器に戻っていく。事故はその復水器のトラブルから始まった。復水器を浄化する脱塩フィルターが、配管の中に詰まってしまったのである。それを取り除く作業をしているときに、わずかな水が空気作動弁を動かす空気の中に入り込んでしまった。これによって空気弁が閉じ、そのため二次系冷却水の主給水ポンプが止まってしまった。本来、主給水ポンプが止まると作動するはずの補助給水ポンプが働かず、発電用タービンも停止してしまった。一次系の熱は伝えられ続けたため、二次系冷却水の温度が上昇、圧力も高まり、次々と失われ、やがて空っぽ状態になってしまった。原子炉も、異常を感じ自動停止した。

急激に二次系の冷却水が失われたことで、一次系冷却水の温度が上昇し、圧力が加わっていった。そのため圧力を下げる圧力逃し弁が開いた。この圧力逃し弁は一定の圧力に戻ると

中央コントロール・ルーム。電気が止まると、コントロール不能となる。

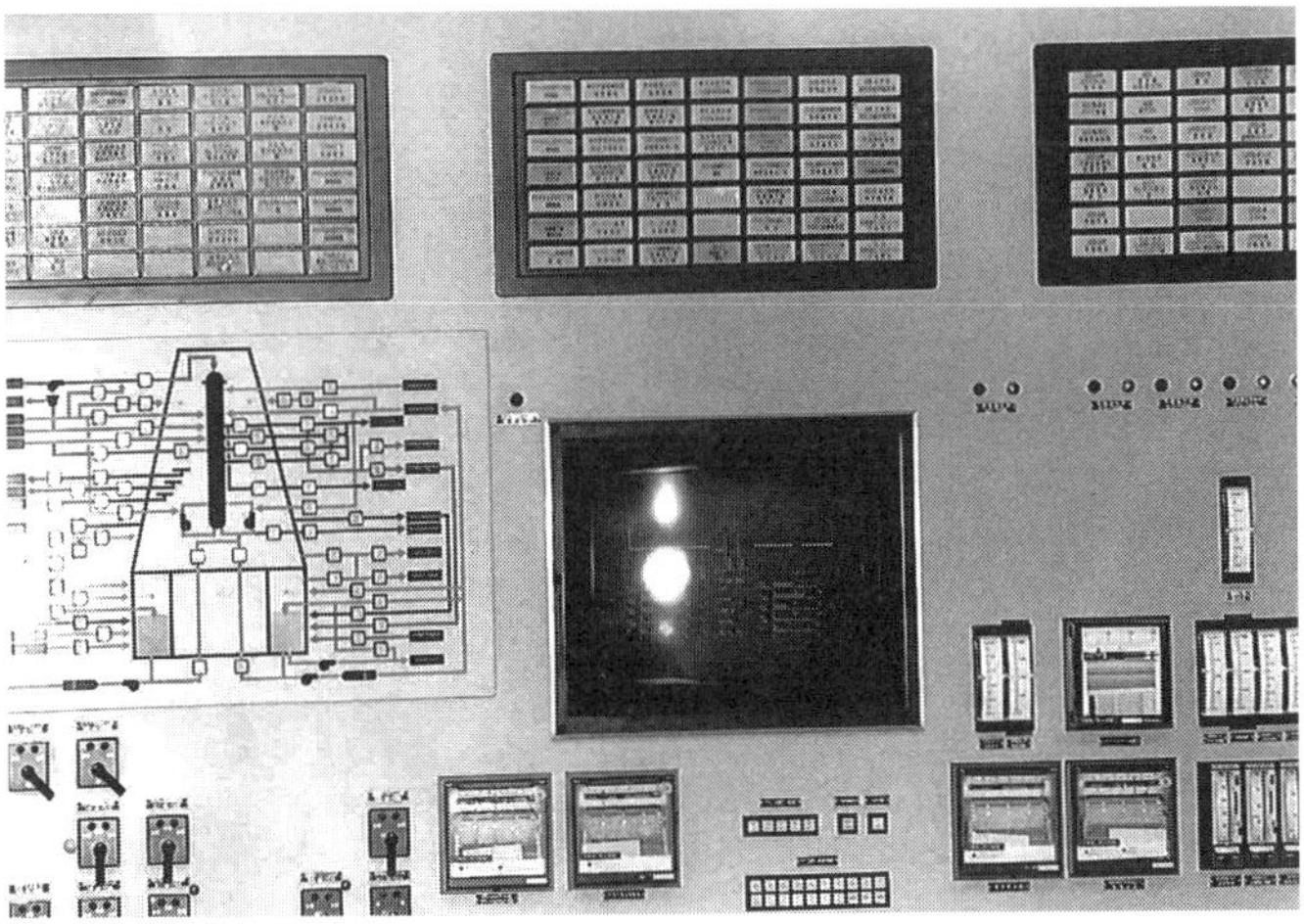

中央コントロール・ルーム。ここで原発の全てが管理されている。

再び閉じることになっているのだが、いつまでたっても閉まらなかった。しかもコンピュータがその事態を正確に伝えなかったため、作業員がそれに気づかなかった。圧力逃し弁から一次冷却水が失われていき、燃料棒がむき出しになり、溶融という最悪の事態をもたらしたのである。さらには、ＥＣＣＳ（緊急炉心冷却装置）が作動したにも関わらず、作業員は間違った情報を真に受けて、途中、手動で止めてしまった。

この事故は、後に炉心の四五％が溶融し、底部に冷却水が残っていなかったとしたら、そのドロドロにとけた高温の炉心が原子炉の底部を貫通し、格納容器、原子炉建屋を貫通、地下を進み、地下水と出会って大爆発を起こしていたと思われる。そうなると大半の放射性物質が環境中に放出される、最悪の事態になっていたのである。

大量に放出された放射性物質の大半は、三月二八日～三〇日の間に、環境を汚していたと見られる。だが、ソーンバーク州知事によって、半径五マイル（八㎞）の周辺住民に退避命令が下されるのが、事故から二日半たった三月三〇日午前一一時を過ぎたころだった。この遅すぎた退避命令は、パニックを引き起こした。人々は競ってスーパーや銀行に駆けつけ、ガソリンスタンドの前には列ができ、電話もパンクした。翌三一日には、風下二〇マイル（三二㎞）の人にも退避命令が出された。

事故の深刻さを隠したため、結果として避難が遅れてしまった。人々は放射能にすっかり汚染された後、パニック状態になって避難した。このスリーマイル島原発事故の教訓は、いまだに生かされず、チェルノブイリ原発でも同じことが繰り返された。そして福島でも、避難は二つの事故に比べれば早かったものの、国による避難者への支援はほとんどなく、住民は正確な情報を得られないままであったし、避難や自宅待機の範囲も狭いままだった。

スリーマイル島原発事故において、原子炉は一年たっても冷温停止状態になっていなかった。この間、臨界事故の危機は継続したのである。この事故の教訓は、事故を終わらせることの難しさであり、そのことを教えてくれた事故でもあった。福島第一原発の事故は、スリーマイル島原発事故よりはるかに深刻である。事故を終わらせる目途は立っていない。臨界の危機が去るのは、いつになるか見当がつかない状況が続くことになる。事故は終わらせるのが難しいことを、教訓化されなかったつけが、より深刻な事態を招いたといえる。

スリーマイル島事故ではその後、周辺で動物の異変が起きるのである。ニューヨーク・タイムズ紙一九八〇年一一月二三日が、奇形の動物の多発、植物の枯死などを伝えた。「異常な動物の死、死産、骨折、目玉のない動物、それに光を発する魚まで」「報告は反原発の活動家だけでなく、農家、主婦、それに地域で長年仕事をしている獣医からやってきた」。その他にも立ち上がれない子牛、子どもができない山羊、大量死した小鳥などさまざまな異変が報告されたが、すべては他の原因が指摘され、うやむやにされていった。因果関係は、立証するのが難しい。それを逆手にとった戦略である。福島でも、同様のことが起きることが予想される。動物や植物の異常が多発し、「それは放射能の影響ではない」というキャンペーンがはられることが、いまから予測される。

福島事故との共通点として、もう一つ言えることがある。『スリーマイル・パニック』(社会思想社刊)の著者マーク・スティーブンズは、「スリーマイル島の問題は全般的にみて、情報の問題だった。情報の存在、情報の不在、そして情報のあいまいさの問題だ」と、この事故を総括した。日本でも、同じことが起きた。福島で何が起きているか、情報は存在しているが、東京電力から流されているため、ほとんどの人が信用していなかった。まさに情報は不在であり、あいまいだった。

再処理工場での事故

再処理工場で起きた最初の大きな事故は、一九七三年九月二六日、英国・ウィンズケール(現在のセラフィールド)で起きた放射能汚染事故だった。再処理工場は、使用済み燃料を冷却した後、燃料棒を細かく切断する。切断された燃料棒は硝酸液によって溶解される。その際、燃料棒を覆っているジルコニウム合金は溶解されずに残り、高レベル廃棄物として処理される。次に、回収されるウランとプルトニウムの溶液と、廃棄される核分裂生成物の溶液に分

ラ・アーグ再処理工場

離される。この際に、有機溶剤を用いて分離する。その後、ウランとプルトニウムの溶液が何段もの抽出工程を経て回収されていく。ウィンズケールでは、給液槽の中で、使用済み燃料の残りかすが蓄積して温度が上昇したため、有機溶剤が揮発し始めた。その結果、給液槽の圧力が強まり、有機溶剤と揮発性の放射性物質が放出されたのである。その結果、そこで働いていた人たち全員が被曝した。

ラ・アーグ再処理工場停電事故

続いての事故はフランスで起きた。一九八〇年四月一五日、ノルマンディー地方・シェルブール港の近くにあるラ・アーグ再処理工場で異常事態が発生した。この工場に電気を供給している高圧送電線に異常が発生、一瞬の停電が工場の機能を奪ったのである。

再処理工場は、使用済み燃料からプルトニウムや燃え残りのウランを取り出すため、大量の死の灰を抱えていた。もし、コントロールを失い、それらが環境中に放出されれば、周辺住民どころか、フランスや周辺諸国にとどまらず、地球規模での致命的な汚染をもたらすことになる。高レベルの放射性廃液は、絶え間なく冷却されていた。その冷却用のポンプが一瞬止まった。この状態がつづくと、火災・爆発の危険性が強まる。

主電源からの電気が止まると、すぐに自家発電による補助電源が作動するようになっていた。ふたたび、工場には電気が流れ、ポンプも活動を再開した。しばらく補助電源だけの運転がつづいた。やがて修理が終わり、主電源からの電気を用いるようになった。しかし、そこに落とし穴があった。自家発電機からの電気を送り込む補助電源のスイッチが切られていなかったのである。両方から電気が入ってきたため、過剰な電流が一挙に流れ、主電源のトランスが破壊されただけでなく、補助電源も破壊されてしまった。

コントロールが失われ、高レベルの放射性廃液は、沸騰を始めた。もはや打つ手はなかった。大規模な汚染に向かって事態は動き始めていた。大慌てで発電装置が手配された。幸い、近くにあるフランス軍の兵器庫に緊急用の発電装置があった。その発電機によって、間一髪、大惨事に至る直前で事故は回避された。

日本では、最初の再処理工場が茨城県東海村に建設された。しかし、この再処理工場は年中運転が止まり、まともな運転ができない状態が続いている。また規模も小さいということで、青森県六ケ所村に第二再処理工場が建設された。六ケ所村では、そのほかにもウラン濃縮工場、低レベル廃棄物貯蔵センターが作られ、それらを総称して「核燃料サイクルセンター」といっている。

再処理工場の場合、事故が起きなくても、原発の一年分を一日で出すといわれるほど、日常的に放射能を環境中に放出する施設である。セラフィールド周辺では、子どもの白血病が多発しており、六ヶ所村でも、同様の事態が懸念されている。

しかも、この再処理工場からは、高レベル放射性廃棄物が出る。この危険極まりない廃棄物の一時置き場も六ヶ所村につくられた。いま、この一時置き場が永久置き場にならないとも限らない状況にある。原発は、トイレのないマンションと言われ続けており、後始末の仕方を知らないままスタートしたツケが、いま六ヶ所村に重くのしかかっているのである。

ウラン濃縮工場では、フッ化水素での爆発事故が起きている。一九八六年、米国のカーマギー社セコイア・プラントで、ボンベが爆発して働いている人一人が亡くなっている。日本でも翌八七年に輸送中のフッ化水素が落ちて周辺の樹木などに甚大な被害をもたらしたことがある。以前、日本に数多くのアルミの精錬工場があった時、工場から排出されるフッ化水素によって、草木は枯れ、農作物は壊滅的な打撃を受け、人々は喘息などの健康障害に苦しんだが、そのような事態がいつ六ケ所村で起きるか分からない状況にある。

敦賀原発の汚染事故

一九八一年四月一日、日本原子力発電敦賀原発で、同年一月に二回も給水加熱器のひび割れ事故があり、秘密裏に修理していたことが発覚した。緊急立ち入り調査が行なわれ、事故隠しの実態が暴かれた。この曝露によって、一件落着と思われた。ところが直後の四月一八日、緊急の記者会見が行なわれ、同じ敦賀原発で、約一カ月前の三月七日に、大量の放射性廃液を海に流していたことが報告された。

作業員がうっかり、放射能に汚染されていた洗浄水を流しっ放しにしたことが原因だった。密閉構造であるはずなのに、パイプ用の穴があいていたため、そこから一般の排水路に入り込み、海へ流れ出てしまった。福島では、事故後、意図的に大量の放射性廃液が流され続けた。

敦賀でも波紋は大きかった。周辺でとれる魚の価格は暴落し、漁民に打撃をもたらした。海水浴客も激減した。危機感を抱いた政府は、早々と「安全宣言」を出すことで事態の収拾をはかったのである。福島でも、同様に早々と「安全宣言」が出されるなど、収拾に向けた動きが加速されることが懸念される。

カルカー原発ナトリウム火災事故

高速増殖炉では、すでに述べたように、冷却剤に金属ナトリウムが使われている。このナトリウムは空気と接触すると燃え上がり、水と接触すると爆発するという難物である。そのナトリウム火災に悩まされつづけた原子炉の代表が、ドイツの高速増殖炉原型炉で、ノルトライン・ヴェストファーレン州カルカーにあるSNR三〇〇だった。この原発は、一九七三年に着工している。工事は遅れに遅れた。一九八四年一一月二二日に、やっと運転直前までこぎつけた。最後の点検として、二次冷却系のナトリウムがうまく循環するかどうか、テストされていた。

この点検では、ナトリウムが空気と接触して燃え上がらないように液面を不活性ガスのアルゴンが覆っていた。このアルゴンガスにナトリウムが混じるように排出されていたのである。ところが原子炉建屋内で、そのナトリウムが空気と接触して燃え上がったのである。火災は広がり屋根まで達した。

最初は、まさかナトリウム火災とは思わず、タブーとされている水での消火活動を行なってしまった。水と接触したナトリウムは激しく反応して、火災をさらに拡大してしまった。

やっとナトリウム火災だと分かった消防隊は、水での消火活動を中止し、八〇㎡を焼いたすえ、やっとの思いで鎮火することができたのである。ドイツは、このカルカー原発の運転を断念した。

第4章　チェルノブイリ原発事故起きる

チェルノブイリ原発・暴走事故

福島以前に起きた最大の原発事故は、一九八六年四月二六日深夜の午前一時二三分（日本時間、同六時二三分）、ソ連ウクライナ共和国（当時）にあるチェルノブイリ原発4号機で起きた事故だった。

その時、同原発では定期検査を前に、出力を落とす段階で、ひとつの実験が行なわれようとしていた。事故で電源がストップすると自家発電の電源が作動するまで、しばらく電気がない状態が生じることになる。そこで発電用タービンがしばらく慣性で動くのを利用して、それを使ってつなぎの発電をまかなえないか、という実験だった。結果的には事故対策の実験が、事故をもたらしたのである。

出力が徐々に落とされていった。実験は、フル稼働の時の約三分の一の出力で行なえという指令が出されていた。ところが出力は低下をつづけ、ほとんど停止寸前まで落ちてしまった。作業員はあわててしまった。このままでは炉が止まり実験ができなくなると判断した作業員は、制御棒を次々と抜いて、出力を上げようとした。制御棒を抜いたことで、コントロールが効かなくなってしまった。

突然、光が消え、コンピュータが切れ、すべてが闇にとざされた。と同時に最初の爆発が

チェルノブイリ原発4号炉の事故現場。ヘリコプターの窓際から撮影。1986年5月＝ノーボスチ通信社提供

起きたのである。炉心で暴走事故が発生した。別名、反応度事故とも呼ばれる最悪の事態である。

原発は、原爆をゆっくりゆっくり爆発させているようなものだと最初に述べた。そのために慎重にコントロールしながら操作していく。一歩間違えれば、原爆が爆発するのと類似した状態になってしまうからである。暴走事故とは、その一歩間違えた事故のことである。

そのときすでに現場の作業員二人が死亡していた。原子炉は破壊され炉心はむき出しになり、ソ連特有のチャンネル型黒鉛炉の黒鉛が、辺り一帯に散らばっていた。放射能は次々と環境中に放出され、地球上を汚染していくことになる。当時、地球被曝とまで表現された、大規模な放射性物質の放出となった。

遅れた避難

事故が起きた四月二六日深夜一時二三分、原発の作業員を中心にできた町プリピヤチでは、人々は深い眠りについていた。まず、消防隊に緊急連絡が入った。消防隊では、当直の人間はもちろん、家にいたものの、休暇のものも呼び出された。さらにキエフ州全体の消防隊に警報が発せられた。それらの消防隊が続々と現場に駆けつけ、消火に当たった。文字通り必死の消火活動に当たり、火災は鎮火した。

その日は、土曜日だった。朝がきて一日が始まったが、周辺の地域では、すべてが日常通りだった。遠くに見える原子炉の屋根は吹き飛び、煙が立ち上り、消防隊が必死の活動を続けていた。しかし、学校では授業が行なわれ、子どもたちは屋外を飛び回っていた。人々は仕事や散歩に出かけるなどしていて、環境中に放出された莫大な量の放射能にすっかり汚染されてしまった。

二六日の深夜から避難の準備が始まった。最初は負傷者からだった。周辺四㎞以内の至近距離の住民四万九〇〇〇人の避難が始まったのは、翌二七日になってからだった。早朝に避難の知らせがあり、それからあわただしく避難の準備が始まり、午後二時から開始された。その時、人々は避難するのは「三日間だけ」と言われた。そのため多くの人が三日間の食糧だけを持って避難したのである。

三〇㎞以内の住民九万二〇〇〇人の避難が始まったのは、実に事故後かなりたった五月四日から九日にかけてのことだった。その後も避難を行なう人の数は増え続け、やがて原発から一三〇㎞離れたキエフの子どもたちも避難を行なうことになった。

文字通り着の身着のままで出発した避難者は、当初は三日間と言われていたのが、三週間になり、三カ月になり、さらにいつ帰れるか分からなくなり、精神的に追い詰められていった。心理的なパニックは、首都キエフでも起きた。人々は何を食べてよいか分からなくなり、食品店の店先から次々と品物がなくなっていった。さらには「ウォッカ騒動」までもが発生した。それは「ウォッカが放射線障害に効果がある」といううわさが広がり、店からウォッカがたちまち消えた事件である。今回、東京でもミネラルウォーターが店頭から消えた。東京の金町浄水場での水の汚染が確認されたからだ。

石棺づくりへ

チェルノブイリ原発4号機は、必死の消防活動で鎮火したが、それは単に火災がなくなったというに過ぎない。放出を続ける放射性物質を封じ込めなければならなかった。そのため二七日朝からヘリコプターで上空から、プリピャチ川から運ばれた大量の砂に、放射線を防護するためホウ素を混ぜて、撒く作業が続いた。墜落しやすい高さで、真っ赤に焼けた炉心に向かって撒く、危険な作業が続いた。

上空からの封じ込め作業と並行して、原子炉の直下の対策が急がれた。底に水槽があるため、どろどろに溶けた核燃料の塊が原子炉を突き抜けて水槽にふれると大爆発が起きる危険性があったからだ。キエフ軍管区の三人の兵士が志願して、地下の貯水槽から水を抜くためのパイプを敷設する作業が行なわれた。さらに地下を補強しなければならなかった。もし核燃料の塊が地下深くに進み、地下水と接触すると大爆発を起こすからである。鉱山労働者や炭鉱夫らが動員され、突貫工事で地下にコンクリートを流し込む補強工事が行なわれた。この作業にかかわった人たちは、放射線防護服も身に着けず、裸に近い状態で作業を続けたのである。

そして、４号機全体をコンクリートで覆う作業が行なわれた。事故を起こした原子炉は、半永久的な管理が強いられる。このコンクリートで覆われた状態は「石棺」と呼ばれたが、単に覆っただけではない。温度を抑えながら、時々ガス抜きが必要である。

こうして間口一〇〇m、奥行二〇〇m、高さ五〇mという、巨大な原発の死体を収めた棺桶づくりが行なわれたのである。当初この「石棺」は、かなり長期間持つと思われていた。しかし、実際には絶え間なく放射線にさらされるため、すぐに脆弱化が始まり、わずか五年で全面的な補強が必要になったのである。事故は、終わらせるのも難しいが、その後始末はもっと難しい。福島第一原発もまた、その後始末に半永久的ともいえる時間と天文学的費用が必要になる。

北半球を汚染

チェルノブイリの雲は、ソ連（当時）の地を激しく汚染し、やがて北欧・東欧を中心にヨーロッパ全域に及び、さらに北半球の国々を汚染した。ソ連政府が後に出した事故報告書によると、環境中に放出された放射能は、事故後一一日後の五月六日換算で約一億キュリーと評価されていた。一一日もたてば、短い半減期の放射能はすでに減衰しているため、恐らく事故そのものの放出量は約三億キュリー（一キュリーは三七〇億ベクレルつまり一一〇万テラベクレル）だったと推定される。

事故は、国営タス通信が発表するたびに深刻さを増していった。四月二九日には二人が死亡、三〇日には一九七人が入院、五月一日にはその入院患者の内一八人が重体であることが伝えられた。五月一三日には死者六人、重体三五人に。一四日には北方一三〇㎞にあるゴメリ市で人々の間で脱毛現象が起き始めた。その日、ソ連政府は公式に、二人が即死、二九九人が入院し、その内七人が死亡したことを認めた。死者の数はその後増え続け、五月二一日には二一人、六月五日には二六人に達し、事故後六〇日たった時点での死者の数が三一人になり、その後、死者の数は触れられなくなり、三一人が政府の公式の数字として生き続けるのである。

しかし、チェルノブイリ同盟のチレス会長は、発電所の従業員だけで七二人が死亡していると述べ、公式発表を批判した。また、消防や石棺づくりなどの封じ込めの作業などでも多くの犠牲者が出ており、一九八九年一一月一二日のモスクワ・ニュースは、事故の汚染除去作業だけで二五〇人が死亡したとして、住民の被害を加えると実に多くの犠牲者がでたこと

チェルノブイリ原発事故における甲状腺の放射線被曝量の分布

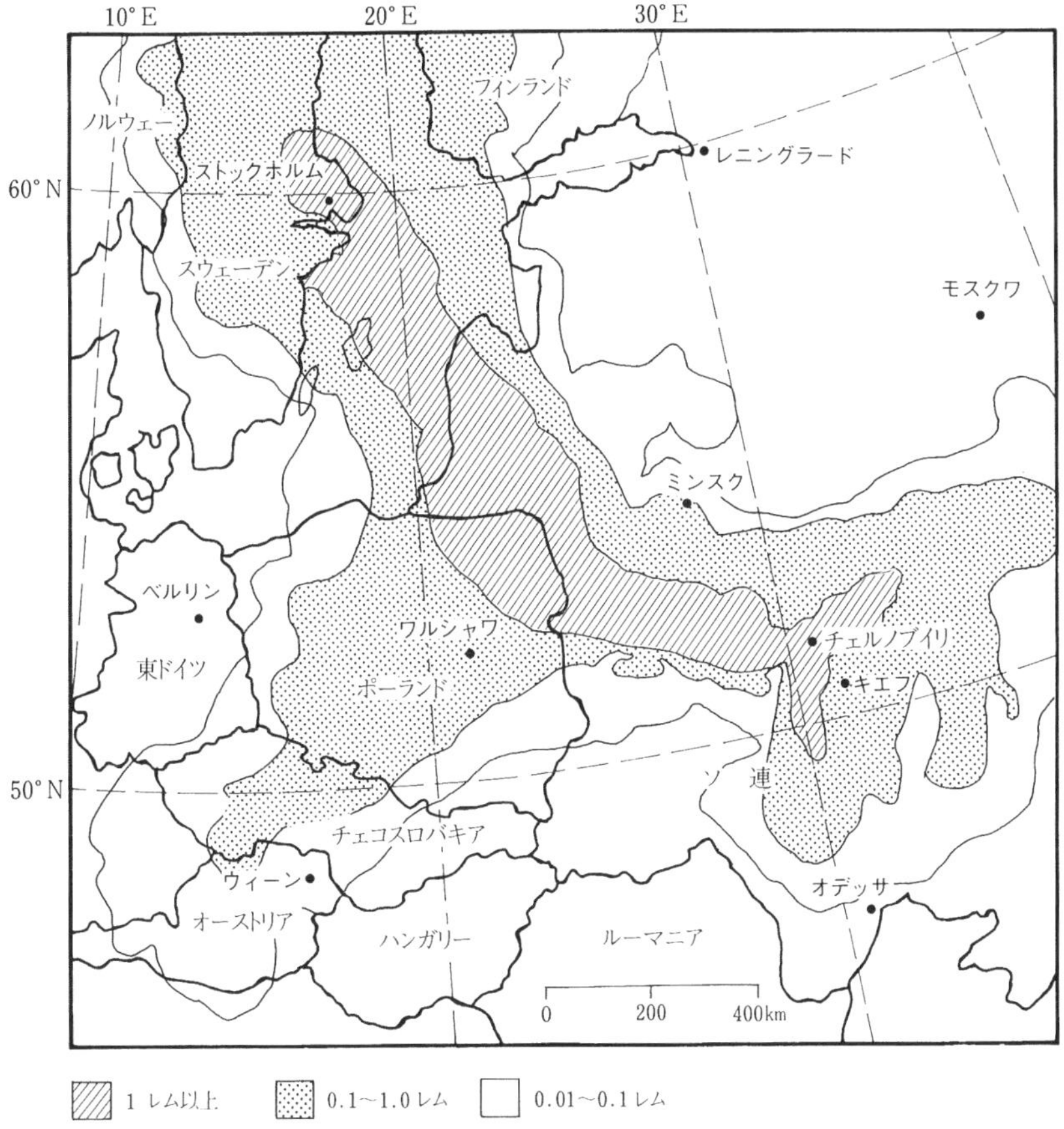

4月29日現在、甲状腺の放射線被曝量の分布を示す。
(米国ローレンス・リヴァモア国立研究所の調査による)
（1 レムは 10 ミリシーベルト）

を伝えたのである。

消火活動や事故処理にあたった消防士や原発の労働者の多くが急性放射線障害になり、命を失った。その後も、廃炉対策としてとられた「石棺」づくりなどの作業のため、動員された炭鉱夫、鉱山労働者、軍人などの間で多くの人が多量に被曝した。

チェルノブイリの放射能の雲は、すぐにヨーロッパに達した。最初に世界に向け、事故の第一報を伝えたのは、ソ連ではなくスウェーデンだった。ヨーロッパではパニックが広がっていった。わずか六日後の五月二日には、その放射能の雲は日本にもやってきた。とくに汚染されたウクライナと、隣接するベラルーシでは、広い土地で人が住めなくなり、子どもたちの間で甲状腺癌が多発し、多くの人が生命を落としたり、癌や白血病になり、後遺症に苦しむことになるのである。

チェルノブイリ事故で住民が気づいた最初の異常は、家畜の赤ちゃんの奇形の増加だった。スリーマイル島事故と同じである。次にやってきたのは、子どもの甲状腺の異常や感染症の増加だった。意外と知られていないことだが、放射線被曝は、感染症などの「他の病気」を増加させる。原爆の被爆者のデータを調査した英国の疫学者アリス・スチュアートは、被爆と感染症増加の相関関係を見いだしているが、それはチェルノブイリ事故がもたらした汚染でも見られた。その後からやってきたのが唇・口腔癌と慢性疾患の悪化、手術後の快復困難であり、同時に、放射能恐怖症と名づけられた「心の病」だった。さらにその後を追って拡大したのが、さまざまな種類の白血病や癌だった。

被害を小さく見せる国際評価

チェルノブイリ事故のケースでは、北半球での集団被曝線量は、国連の放射線影響科学委員会（ＵＮＳＣＥＡＲ）によって六〇〇〇万人・レム（六〇万人・シーベルト）と推定されている。この被曝線量による癌の増加数は六〇〇〇人から二五万人強となる（一六一頁表参照）。この数字は、癌になる人ではなく、癌による死者の数である。なお集団被曝線量については、後の放射能汚染でふれることにする。

しかし、この北半球での集団被曝線量をめぐっては、疑惑が示されている。一九八六年八月に開催されたＩＡＥＡ（国際原子力委員会）のチェルノブイリ事故分析専門家会議で、ソ連の科学者はウクライナ、ベラルーシ、ロシアの住民七五〇〇万人が生涯受ける総被曝線量を二億五〇〇〇万人・レム（二〇五万人・シーベルト）と評価した。そして、この被曝線量による癌の増加数は四万人と見積もった。

この数値に、西側諸国の専門家が総反発した。そして、根拠を示すことなく癌の増加数は一〇分の一の四〇〇〇人に変えられたのである。こうして、最初の評価はやり直しとなり、やがて一九八八年にUNSCEARが北半球の集団被曝線量を六〇〇〇万人・レムとしたことで、この数字に落ち着いていくのである。その過程で、ソ連の科学者も「食品汚染が予期されたよりも低かった」などの理由で被害の過小評価化が進んだ。六〇〇〇万人・レムという数字に基づくと、ウクライナ、ベラルーシ、ロシアの住民七五〇〇万人が生涯受ける総被曝線量は、当初発表の一〇分の一になってしまう。この間の事情については『チェルノブイリの惨事［新装版］』（緑風出版）に詳しく述べられている。

ヨーロッパ各国の対応

チェルノブイリの放射能の雲は、広くヨーロッパを汚染し、食品を汚染した。

四月二六日、チェルノブイリ原発事故が起きたとき、風は南東から北西に向かって吹いていた。その風に乗って、放射能の雲は遠くスウェーデンまで運ばれた。四月二八日朝、スウェーデンの首都ストックホルムの北一五〇㎞にあるフォルスマルク原発では、いつものように構内に入る作業員の、入場前の放射線測定を行なっていた。ところが測る人、測る人すべてが異常に高い数値を示したのである。そのため同原発が放射能漏れを起こしたと判断され、運転は停止された。しかしフォルスマルク原発に異常はみられなかった。そこでソ連の原発で何らかの事故が発生したと判断され、事故の一報が世界に伝えられたのである。ソ連の国

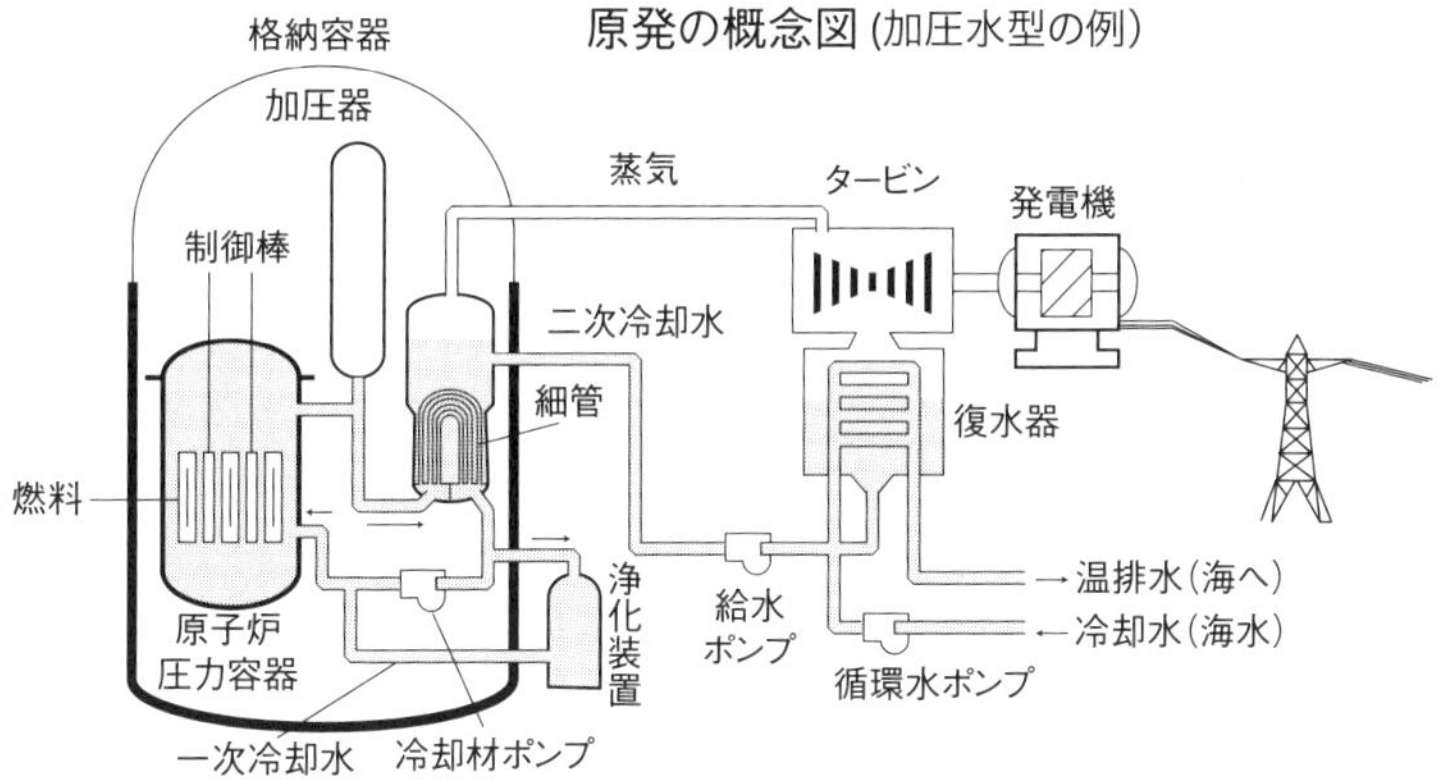

加圧水型原発の例

営タス通信が、事故に関する簡単な声明を発したのは、二八日の夜九時のことだった。

チェルノブイリ原発事故が起き、放射能の雲はヨーロッパ全体を覆った。西ドイツ（当時）では、牛乳の汚染が問題となり、政府は暫定基準を五〇〇ベクレルに設定したが、それでも基準を超えるケースが続出した。乳や乳製品の摂取量が多いヨーロッパの人々にとっては、深刻な事態だった。日本では、野菜の摂取量が多いため、野菜の汚染が深刻に受け止められているが、ヨーロッパでは牛乳の汚染が深刻に受け止められた。さらには飲料水からも検出された。さらには五月三日にボンに降った雨から一㎥当たり五万ベクレルという高い数値が検出され、人々に衝撃をもたらした。そして、ついに母乳からも検出された。この汚染の拡大は、日本でも起きた拡大の図である。

その後、野菜や干し草の汚染が報告され、その年のクリスマスに発売されたチョコレートから一〇〇〇ベクレル／kgのセシウムが検出されている。そして起きたのが、家畜など動物の死産や奇形などの異常出産の増加だった。

スウェーデンでは、放射能に汚染されたコケを食べたトナカイの肉の汚染が深刻化して、その年の八月一二日までに、三万八〇〇〇頭が殺処分された。オーストリアでは路地野菜の販売が禁止されたために、缶詰・瓶詰や冷凍野菜を求める人でパニックが発生した。

イタリアでは、政府が発表する数値を、各地の研究者が発表する数値が上回り、政府の情報操作への批判が強まっていった。フランスでは、汚染は起きていないと、情報を押さえ続けたことで、政府批判が一気に強まっていった。ギリシャでは、事故の影響を恐れた妊婦が、二五〇〇人も中絶をしていたことが判明した。東欧諸国は情報も押さえられ、対策もたてられなかったため、西側の情報をキャッチして、個人個人が対策を立てなければならなかった。このことが、やがて来るベルリンの壁崩壊の要因の一つになっていった。

日本でも食品汚染が

日本にチェルノブイリの放射能の雲がやってくるのは、事故直後の五月二日のことだった。この日、降った雨から放射能が検出された。五月四日には、一六都府県の雨水と浮遊粉塵から検出されている。この放射能の雨が、各地で汚染をもたらした。五月七日には、宮崎県北部の内湾でとれたテングサから、二六〇〇ベクレル／kgのヨウ素が検出されている。その後、水道水や母乳からも検出され、チェルノブイリから遠く離れた日本まで広く汚染されたことに、衝撃が走った。

しかし、パニックを恐れた政府は、六月六日には「安全宣言」を出して、早々と幕引きを図ったのである。しかし、その思惑は見事にはずれたのである。

チェルノブイリ原発事故がもたらした汚染食品が、日本にも入っていることが明るみにでるのは、事故後八ヶ月半もたった一九八七年一月九日のことだった。この日、厚生省（当時）が、トルコから輸入したヘーゼルナッツから暫定基準値を超える放射能が検出されたため、計三〇トンを積み戻す措置をとった、と発表した。この発表に、多くの消費者が驚いたが、この時点ですでに、多くの汚染食品が日本に入っていたことが容易に想像がついた。というのは、輸入食品のチェック態勢がまったくと言っていいほど不備だったからである。

三七〇ベクレルの意味

今回、福島の核惨事がもたらした国内での食品汚染は、チェルノブイリの比ではない。輸入食品ではなく、国内で事故が発生したからだ。この間、国内産の野菜、牛乳、魚介類などがチェックされているが、自治体がもつ測定能力はあまりにも貧弱であることが、改めて示される結果となった。ごく一部がチェックされるだけで、大半が素通りである。放射能汚染食品は、輸入食品の問題だったため、国内対策はほとんど行なわれてこなかったからである。

チェルノブイリの汚染食品が次々と入ってくるようになったため、政府は、汚染食品を規制するためセシウム134と137の暫定限度として、三七〇ベクレル／kgという数字を打ち出し、監視を始めた。その根拠を当時、厚生省は次のように述べていた。日本人の食卓に登場する輸入食品は、平均的な食事で三分の一を占めている。その三分の一の輸入食品すべてに三七〇ベクレル／kgが含まれていたとして、それを一年間食べ続けると、一七〇ミリレム（一・七ミリシーベルト）になる。ＩＣＲＰ（国際放射線防護委員会）が勧告に基づいて設定された、日本人の一般人の被曝許容限度は五〇〇ミリレム（五ミリシーベルト）であるので、その三分の一となる、というものだった。

その後、ＩＣＲＰの勧告に基づき、一般の市民の被曝許容限度は一ミリシーベルトに変更された。当然一・七ミリシーベルトではその数値を上回ってしまうため、三七〇ベクレル／kgという数値は変更されると思っていた。しかし、汚染食品の暫定限度三七〇ベクレル／kgという数値は変わらず、受ける影響の方が変更されてしまった。実におかしなことが行なわれたのである。

三月一七日、福島原発事故を受けて、政府は食品衛生法に基づく新たな「暫定基準値」を発表した。四月五日にはさらに、ヨウ素に限り魚介類の「暫定基準値」を示した。そこで示された数値は、これ以下なら安全、という数値ではない。これらの点については、放射線防護の歴史のところで述べることにする（第7章参照）。

ギロチン破断事故

チェルノブイリ原発事故は、世界的規模で原発批判の運動を拡大した。原発に対する見直しの機運が盛り上がっていった。しかし原発を推進してきた人たちは、新たな切り口で原発反対の潮流に対抗し始めた。それが、「温暖化対策」である。原発は「環境にやさしい」発電であるという論陣が張られた。

この論陣は、地球環境問題への関心が高まる中で効果を発揮して、原発は縮小するどころか、再び拡大を開始するのである。そして、相変わらず事故も起き続ける。

一九八六年一二月九日、米バージニア州サリー原発2号機で、直径（外径）四五cm、肉厚一・三cmという太い配管がギロチン破断を起こした。噴出した熱湯と水蒸気を浴びた作業員八人の内四人が死亡、二人が危篤状態になった。幸い加圧水型軽水炉の二次配管であったため、放射能はほとんど含まれていなかった。もし炉心を通る一次配管で起きていたら、圧力容器の中を通り核燃料から熱を奪っている、一次冷却水が失われ、炉心溶融事故につながっていたことになる。この配管は、最初の仕様では、四〇年はもつとされていた。そのため運転開始から事故が起きる一三年間というもの、まったく点検が行なわれていなかった。

イギリスでもギロチン破断事故

高速増殖炉は安全を図るために、通常、冷却系には二次冷却系がつけ加えられている。原子炉の炉心を通る一次冷却系にはナトリウムが使われ、二次冷却系にもナトリウムが使われ、発電用タービンを動かす三次冷却系には水が使われている。この二次冷却系をつけ加えたために、コストがはね上がってしまう。後で述べるもんじゅの事故は、その二次系で発生した。

一次系・二次系のナトリウムは常圧か、わずかに加圧された状態で循環しているにもかかわらず、三次系の水は一〇〇気圧を超える圧力が加えられている。二次系の熱を三次系に伝える熱交換に使われている蒸気発生器に、もし破断や穴あき等があると、水がナトリウム目指して噴出していくことになり、爆発反応が起きる。しかも、その反応で大量の水素が発生し、それが爆発する危険性が高くなる。

高速増殖炉で恐れられている事故の一つが、この蒸気発生器の事故である。蒸気発生器で大きな事故を起こしたのが、英国のＰＦＲ（熱出力六〇万キロワット、電気出力二七万キロワット）である。

スコットランド・ドーンレイにある、この高速増殖炉原型炉ＰＦＲは、一九六六年六月に建設が始まった。一九七四年から稼働を始めたが、その年の九月、熱出力九万キロワットの段階で運転中に蒸気発生器で水漏れが発生し、運転がストップした。それ以降、蒸気発生器のトラブルが相次ぎ、この原子炉は、止まっている時間のほうが長い状態がつづいた。

やっと全出力運転が行なわれるようになった矢先、一九八七年二月二七日、突然自動停止した。その時、その蒸気発生器で異変が起きていたのである。細管がギロチン破断を起こし、水がナトリウム目指して噴出し、激しく爆発反応を起こしていた。あわてて対策が講じられ、この爆発反応は一〇秒で停止した。しかしそのわずかな時間でも蒸気発生器細管を破壊し尽くすには十分だった。

このＰＦＲは結局、一九九四年三月に閉鎖された。英国は、ＰＦＲに次ぐ実証炉のＣＤＦＲ（熱出力三八〇万キロワット、電気出力一三〇万キロワット）も断念した。また一九八四年にスタートしたヨーロッパ共同体開発の実証炉ＥＦＲ（熱出力三六〇万キロワット、電気出力一五〇万キロワット）からの撤退も打ち出した。このＥＦＲは、英国以外に、フランス、西ドイツ、イタリア、ベルギーと共同開発することになっていた。しかし、ほとんどの国が高速増殖炉から撤退したため、計画自体が自然消滅してしまった。

増殖炉先進国フランスも挫折

フランスは、もっとも高速増殖炉開発に熱心に取り組んできた国の一つだった。カダラッシュ研究所にある実験炉ラプソディー（熱出力四万キロワット）が臨界に達したのは、一九六七年のことだった。しかし、この炉は一九七八年から一九八一年にかけて、くり返しナトリウム漏れの事故を起こし、運転がストップしたままになり、そのまま一九八二年一〇月に廃炉となった。

しかもこの炉の場合、問題がそこで終わったわけではなかった。一九九四年三月三一日、原子炉を解体するためナトリウムを除去する作業を行なっているとき、爆発事故を起こしたのである。ナトリウムの除去に用いたアルコール系の溶剤とナトリウムが反応を起こして水素が発生し、その水素が爆発したものと考えられている。

日本の動燃は新型の原子炉を命名する際に、文殊、普賢など「仏教」に由来する名前をつけるのが好みだった。フランスもまた、凝った名前がつけられている。「ラプソディー」の次ぎにつくられたのが、「不死鳥」の名を冠せられた原型炉「フェニックス」炉（熱出力五六万八〇〇〇キロワット、電気出力二五万キロワット）だった。

マルクールに建てられたこの原子炉もやはり「名前負け」したのか、一九七三年に臨界

スパーフェニックスの正面。後方、霧に霞んでいるのが本体。

に達した後、くり返しナトリウム漏れを起こし、出力をおさえて修理を行ないながら、綱渡りで運転を行なうはめに陥った。しかも一九八九年、一九九〇年とたてつづけに、原因不明の形で、瞬間的に出力が異常に上下する事態が発生している。高速増殖炉の不安定さを物語る現象だった。

このフェニックス炉はまた、一九九三年二月に配電盤の故障からタービントリップ時の緊急の自動停止に失敗するという事態が発生している。そのため手動で緊急停止が行なわれた。

南フランスのリヨン市の近郊クレイマルビルにつくられたスーパーフェニックス炉（熱出力三〇〇万キロワット、電気出力一二〇万キロワット）は、世界で最初の実証炉である。

一九八五年に臨界に達し、一九八六年に発電を開始したが、一九八七年三月には、燃料貯蔵タンクに亀裂が入り、二五トンものナトリウム漏れを起こし、停止した。一九九〇年四月に運転を再開したが、同年七月にはまた、系統内でナトリウムが固まってしまうという事故を起こし停止した。

一九九〇年一二月には、タービン建屋の屋根が雪で崩落するという、弱り目にたたり目とはこのことか、と思われる事故が起きている。運転の再開をめぐって反対意見も強まった。しかもこのスーパーフェニックス炉の場合、一九七七年に建設が認可された際に、政令によって試運転の期間、営業運転開始の期限が決められていた。これを守ることができなかったことから、運転再開は困難になったのである。

しかし、一九九四年八月四日に運転再開が強行された。その際、さすがに発電用としては運転できないことから、長寿命の放射性廃棄物対策などの研究炉に用いるという、目的転換を条件にしたのである。研究炉とはいっても名ばかりで、核のゴミ焼却炉となったのである。

このスーパーフェニックス再開に対して、多くの市民が抗議しただけでなく、共同出資しているヨーロッパの電力業界の多くが、「そんな研究は役に立たない」として、撤退を表明した。しかも、運転を再開した直後の一九九四年一一月一五日に、発電機の配管系から蒸気漏れを起こし、再び運転を中止させたのである。

フランスでは、結局、次世代の実証炉スーパーフェニックスⅡの計画が白紙撤回された。

ロシアでも頓挫

ソ連（当時）が高速増殖炉の開発を始めたのは、一九四九年から一九五〇年にかけての頃だった。アメリカと同様古い歴史をもっており、チャンネル型黒鉛炉と並行して開発が行なわれた。最初は、Ｂ１、Ｂ２、Ｂ３、Ｂ５といった小出力の原子炉で研究が行なわれた後、ディミトロフグラードに実験炉ＢＯＲ６０（熱出力六万キロワット、電気出力一万二〇〇〇キロワット）がつくられた。その実験炉の完成が一九六八年である。

次にカスピ海東岸のシェフチェンコ市に原型炉ＢＮ３５０（熱出力一〇〇万キロワット、電気出力三五万キロワットか、電気出力一五万キロワットと淡水一二万トン／日）がつくられた。この高速増殖炉の特徴は、カスピ海の淡水化に使用していることである。一九七二年に運転が始まり、一九七三年から淡水化が始まり、シェフチェンコ市の水はすべてこの原発によって、まかなわれることになった。

この原型炉ＢＮ３５０の次のステップとして取り組まれたのが、ウラルのベロヤルスク原発の第三ユニットとして建設された、原型炉ＢＮ６００（熱出力一四七万キロワット、電気出力六〇万キロワット）だった。この原発は一九八〇年に運転を開始した。さらに次の段階に当たる実証炉BN1600（熱出力四〇〇万キロワット、電気出力一六〇万キロワット）がつくられることになっていたが、計画は実行されないまま頓挫したのである。

この頓挫の最大の原因が、BN350の事故である。なかなか明らかにならないのがソ連の高速増殖炉の事故であるが、BN350の事故だけは認めている。それはこの原発が操業を開始してからすぐのことだった。一九七三年五月、九月、一九七五年二月の三回、蒸気発生機で水漏れ事故を起こしている。水漏れの原因は管に入った亀裂であるが、大規模な水漏れを起こした結果、ナトリウムと激しく反応したものと見られている。

原型炉BN600もまた、一九九三年一〇月に、一次冷却系で約一トンもの大規模なナトリウム漏れの事故を起こしている。一次系であったことから、放射能汚染があったのではないかと考えられている。高速増殖炉はまともに動かない。動かせば事故が起きる。それが日本でも「もんじゅ」の事故となって現実化するのである。

福島第一原発の火災・美浜原発の落雷事故

原子力が経済性を優先させて運転されていることを、端的に示した事故例が二つ起きた。一つは、今回事故を起こした福島第一原発である。一九八八年一月一三日、福島第一原発6号機で火災事故が発生した。火災は、発電用タービン建屋の空調機室で起き、空調機に用いるグラスウール製のエアフィルタ一七二個全部を焼き、四〇分間燃えつづけた。

タービン建屋と原子炉とは隣り合わせである。一次冷却水が両者を直接結びつけている。にもかかわらず、火災がつづき、消火活動が行なわれている間も、原子炉は休まず運転されつづけた。安全よりも運転の継続が優先された。もし、一次冷却水が漏れ出たり、止まれば炉心溶融事故につながりかねない、にもかかわらずである。

この事故は、経済性を優先する東京電力の体質を示したものといえる。同様の事例が他にも起きている。

一九八六年八月二日、日本原電敦賀原発と美浜原発から送電を受けている変電所に落雷があった。発電用タービンは止まり、敦賀原発の原子炉は運転を停止した。しかし、美浜原発は低出力で運転をつづけた。

作業員は、点滅する約一〇〇個のアラームランプと警報ひとつひとつに対処しながら、必死の操作を行ない、出力を回復させていった。もし、操作を誤れば、暴走事故につながるという綱渡りだった。ここでも運転の継続を優先して、安全性が軽視された。この作業員は、後に会社から表彰されるのである。

経済性優先の体質は、東京電力だけではない。このことは、福島と同様の事故が他の電力会社でも準備されていることを意味する。

福島第二原発事故

現在日本で使われている原子炉のほとんどが、軽水炉である。軽水炉には、加圧水型軽水炉と沸騰水型軽水炉があることは、最初に述べた。

関西電力などが使用している加圧水型軽水炉のアキレス腱が蒸気発生器、東京電力などが使用している沸騰水型軽水炉のアキレス腱が再循環ポンプといわれてきた。

加圧水型炉は炉心を通る一次系と、発電機を通る二次系が分かれているのに対して、沸騰水型炉は分かれておらず、炉心を通る水が沸騰して直接、発電用タービンを動かすため、加圧水型に比べて不安定な構造である（頁の図参照）。

そこで圧力容器内の水をいったん取りだし、ポンプで強制的に一定量の水を炉心の下から送り込んでやり、ボイド（気泡）の量や分布を一定にし、原子炉を安定させ、しかも高い熱効率を得ようという目的で設置されているのが再循環ポンプである。

そのためこのポンプは沸騰水型軽水炉の心臓部といわれ、もしこの部分に異常が発生すると、大事故になりかねない。その危惧が現実化したのが、一九八九年一月六日に発生した福島第二原発3号機の事故だった。この事故では再循環ポンプが破損し、炉心に大量の金属片が流入し、炉心を傷つけるという事態に立ち至ったのである。

東京電力は、流入した金属片すべてを回収することなく、事故機の運転再開に踏み切っている。ここでも東京電力の経済優先の体質が問題になった。

事故には必ず予兆がある。この事故でも、再循環ポンプが停止した一九八九年一月六日よりもずっと以前の一月一日の時点で、すでに異常な振動が発生し、危険を知らせる警報が鳴っていた。出力を下げたため振動は警報値には達しなくなったが、それでも異常な振動はつづいた。もし最初の警報の段階で運転を停止しておけば、炉心を傷つけるという事態だけは避けることができた。事故を大きくする要素のひとつに、このような初期の対応のまずさがある。

美浜原発事故

沸騰水型軽水炉のアキレス腱が再循環ポンプであるとすると、関西電力などが使用している加圧水型軽水炉のアキレス腱が蒸気発生器である。加圧水型軽水炉（ＰＷＲ）は、もともとは原子力潜水艦用に開発されたものだったことは、すでに述べた。それまでの潜水艦はディーゼルエンジンを動かすために酸素が必要で、ほとんどの時間を海面上で過ごさなければならず、原子力を用いれば潜水状態でずっと航行できるという軍事的理由が優先開発された原子炉だった。

軽水炉をいきなり船用に用いるには大きな難関があった。放射能を封じ込めながらいかにして原子炉を安定した状態で運転させるかという点である。そのために圧力容器の内部を加圧して沸騰させないという方法を採用した。しかし沸騰した水で動力用タービンを動かさなければならないため、炉心を通る一次系と、タービンを通る二次系を分け、両者を熱交換器でつないだ。その熱交換器が蒸気発生器である。

その原理がそのまま応用されたのが、加圧水型軽水炉である。一次系と二次系に分け、熱を伝える役割を果たしているのが蒸気発生器で、そこには多数の細管（伝熱管）があり、熱を伝えやすくしている。後で詳しく述べるが、蒸気発生器細管の内側と外側では約一〇〇気圧の差があり、最高で約一〇〇℃もの温度差がある。これをわずか一・二七㎜の厚さの合金が支えている状態である。わずかな損傷が起きても、放射能を防護する仕組みをとっていない二次系を汚染することになる。現在ほとんどの加圧水型軽水炉の蒸気発生器細管で、腐食、疲労が重なり、ピンホールやクラック、へこみや減肉などを起こしている。この部分がアキレス腱といわれる所以である。細管が破れれば放射能で汚れた一次冷却水は、高圧をかけているため、勢いよく噴出して二次系を汚染し、環境へ多量の放射能を放出するだけでなく、炉心が空炊き状態になるという最悪の事態も想定される。

一九九一年二月九日、美浜原発2号機で、その蒸気発生器の細管に破断が起き、日本で初めてＥＣＣＳ（緊急炉心冷却装置）が作動する事故が発生した。

この事故にも予兆があった。その日の一二時二四分、三三分頃、続けて放射能モニターの確認を促す注意信号が発信された。一二時四〇分頃には蒸気発生器の放射能モニターの指示値が二〇％程度上昇しているのを、コントロール・ルームの運転員が発見している。その時すでに蒸気発生器細管に損傷が起き始めていた。しかしこの程度の上昇では原子炉の運転は停止されないようだ。

予兆から約一時間後の一三時四〇分頃、コントロール・ルームに二次冷却水の放射能濃度の上昇を示す警報音が「ピーピー」と鳴り響き、「注意警報」が点灯した。その警報から五分後に一次系の圧力が急降下を始めた。細管の破断が起きたのである。警報から破断まであっという間の出来事だった。

一三時四八分、オペレータが原子炉を停止させるために出力を下げ始めたが、突然、自動停止し、その直後にＥＣＣＳが作動した。ＥＣＣＳは、冷却材喪失事故に対処するために設置されている安全装置である。こうして蒸気発生器細管破断、冷却材喪失、ＥＣＣＳ作動という、いつかは起きると想定されていた事故が、日本で初めて実際に起きたのである。

事故の直接の原因は、後から公式的に発表されたものによると、蒸気発生器細管の振動を押さえる振止め金具が設計通りの位置になかったため、異常な振動が起き、高サイクル疲労が発生して破断したことになっている。

蒸気発生器細管の破断、ＥＣＣＳの作動という事態に直面して、コントロール・ルームのオペレータは皆総立ちとなり、あわてて対処した。しかし、一三時五五分破損した蒸気発生器から送られる蒸気を止める主蒸気隔離弁を閉めようとしたが作動せず、一四時〇二分手動によって閉じることになった。また一四時一〇分、一次冷却系を減圧するため加圧器逃し弁を開こうとしたが作動せず、加圧器補助スプレーを操作して水を噴射させ、蒸気を冷やして凝縮させ圧力を下げていった。いざというときに役に立たない機械にオペレータたちは冷や汗をかいたものと思われる。その間一四時一九分、二九分、三九分と三度にわたって汚染された水蒸気が大気中に放出されている。一次系と二次系との圧力がほとんど変わらなくなり、一次冷却水の流出が止まったのは、事故が起きてから一時間以上たった一四時四八分のことだった。

事故は崖っぷちで最悪の事態だけはまぬがれたのである。

蒸気発生器の問題点とは

ＰＷＲは、船舶用として開発されたものが発電用に転用されたものであり、出力が大きくなるにつれて、熱交換に欠かせない蒸気発生器も大きくなっていった。認可出力五〇万キロワットの美浜原発2号機の場合、高さが約一九m、直径が約四・二mある。この蒸気発生器が圧力容器の両側に二つ並んでいる。

一次系と二次系の熱交換を効率よく行なうためには、細管の数を多くし、しかも両者を隔てている金属材料を可能な限り薄くしなければならない。そこで一つの蒸気発生器の中に三二六〇本、計六五二〇本もの数の、長さ約二〇mの細管が逆U字型に並び、その内側を一次冷却水が、外側を二次冷却水が流れている。細管の直径は約二二mmで、厚さは一・二七mmしかない。その構造に、まず問題がある。

蒸気発生器細管の中を流れる一次冷却水は約一五七気圧に加圧され、炉心を通ることで約二九〇℃から約三二〇℃へ温度が上昇し、その水が蒸気発生器で冷却されて再び約二九〇℃になって炉心に戻っていくというサイクルをとっている。二次冷却水のほうは約五七気圧にしか加圧されておらず、蒸気発生器で約二二〇℃から約二七〇℃へと温度が上昇し、蒸気となって発電用タービンを動かし、復水器で三次用冷却水である海水で冷やされて再び蒸気発生器に戻っていくというサイクルをとっている。

ということは、細管の内側と外側では約一〇〇気圧の差があり、最高で約一〇〇℃もの温度差がある。これをわずか一・二七mmの厚さの合金が支えている状態である。しかもこの材料の表面積は約九〇〇〇㎡という広大なもので、わずかな損傷が起きても、基本的に放射能を防護する仕組みをとっていない二次系を汚染することになる。

　現在どの加圧水型軽水炉の蒸気発生器細管もさまざまな形で腐食を受け、疲労が重なり、ピンホールやクラック、へこみや減肉などを起こしている。そのため危ない細管には栓を施し一時系が流れないようにして運転を行なってきた。

　しかし施栓率が高くなると運転そのものに支障をきたすため、スリーブ補修（管の中にさらに管を通す方法）という応急処置に頼ってきた。当時、損傷率が高く問題になっている原発が、玄海1号機（四八・一％）、高浜2号機（四六・一％）、大飯1号機（四四・四％）、施栓率が高く問題になっている原発がこの三機プラス美浜1号機である（美浜原発事故当時）。事故を起こした美浜2号機は、損傷率六・九％、施栓率六・三％とどちらかというと成績がよいほうのものだった。

　以上のような点から、蒸気発生器こそが加圧水型軽水炉のアキレス腱といわれてきた。もし細管が破れれば放射能で汚れた一次冷却水は、勢いよく噴出して二次系を汚染し、環境へ多量の放射能を放出するだけでなく、炉心が空炊き状態になるという最悪の事態も想定される。その大事故一歩手前までいったのが美浜原発2号機の事故であった。

第5章　もんじゅ事故・ＪＯＣ臨界事故発生

高速増殖原型炉もんじゅで事故起きる

世界中の高速増殖炉で繰り返し事故が起きていることは、これまで述べてきたとおりである。この高速増殖炉での最悪のシナリオも、炉心溶融事故か爆発事故によって、原子炉内の放射能が環境中に放出されることである。幸いなことに、現在までそのような大規模な事故は起きていないが、その寸前までいった事故は多い。ここで見ていく日本の「もんじゅ」が起こした事故でも、ナトリウム漏れがさらに悪化すると、一次系の温度が急上昇して炉心溶融事故や爆発事故が起きることもあり得る、そのような事故だった。この「もんじゅ」を開発し、建設・運転してきたのが、動燃（動力炉・核燃料開発事業団、現在の日本原子力研究開発機構）だった。

一九九五年一二月八日一九時四七分、高速増殖原型炉もんじゅはその時、原子炉緊急停止試験のために出力を上昇させていた。突然、中央制御室のコントロールパネルで、ナトリウムを循環させる二次系配管の温度が異常となったことを示す警報が鳴り、同時に火災報知器が作動した。さらに七〇秒後には、ナトリウム漏れが起きたという警報が鳴った。この時点でナトリウムが配管から漏れだし、発火し、煙が立ち込め始めていた。

制御室当直長の指示で運転員が配管室を覗き、煙の発生を確認したが、ナトリウム液位を

漏えい箇所の位置

高速増殖炉「もんじゅ」の概略図

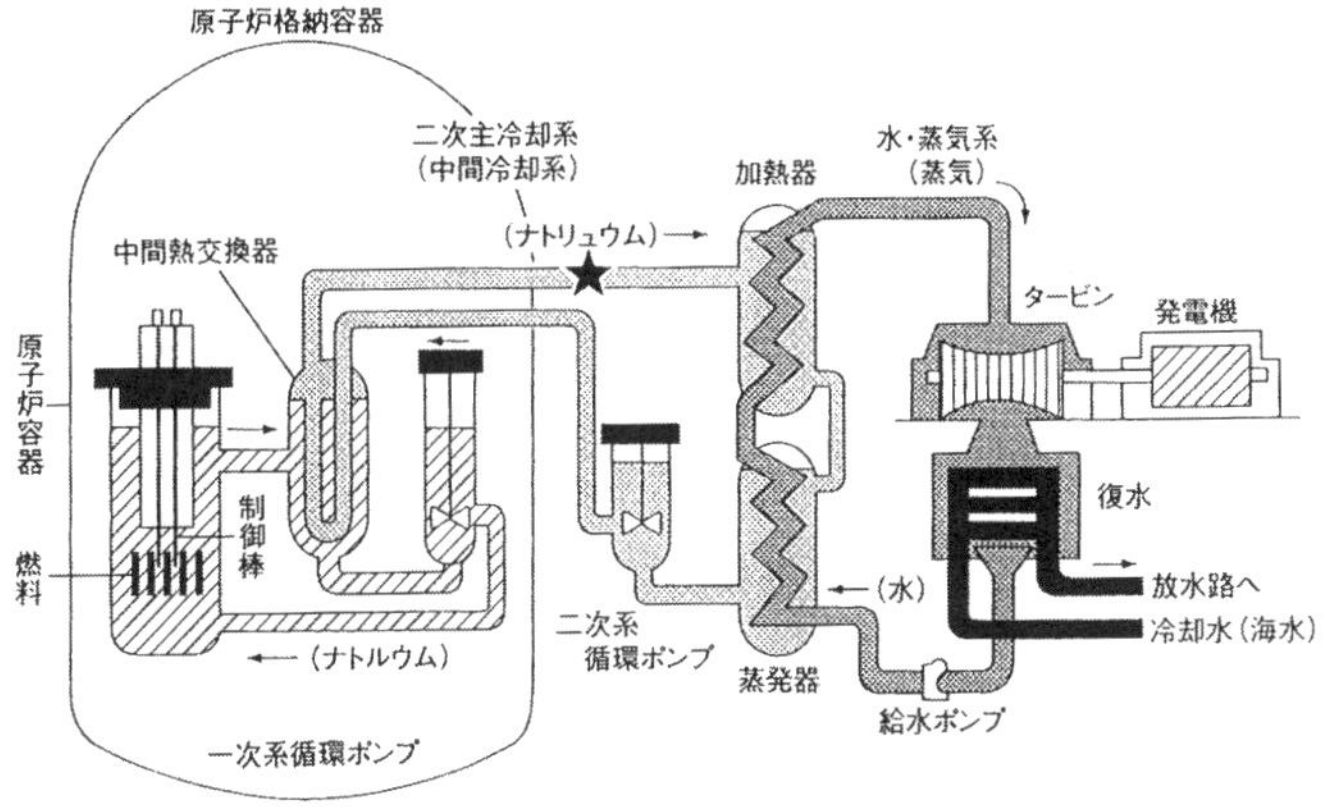

漏えい箇所の拡大図

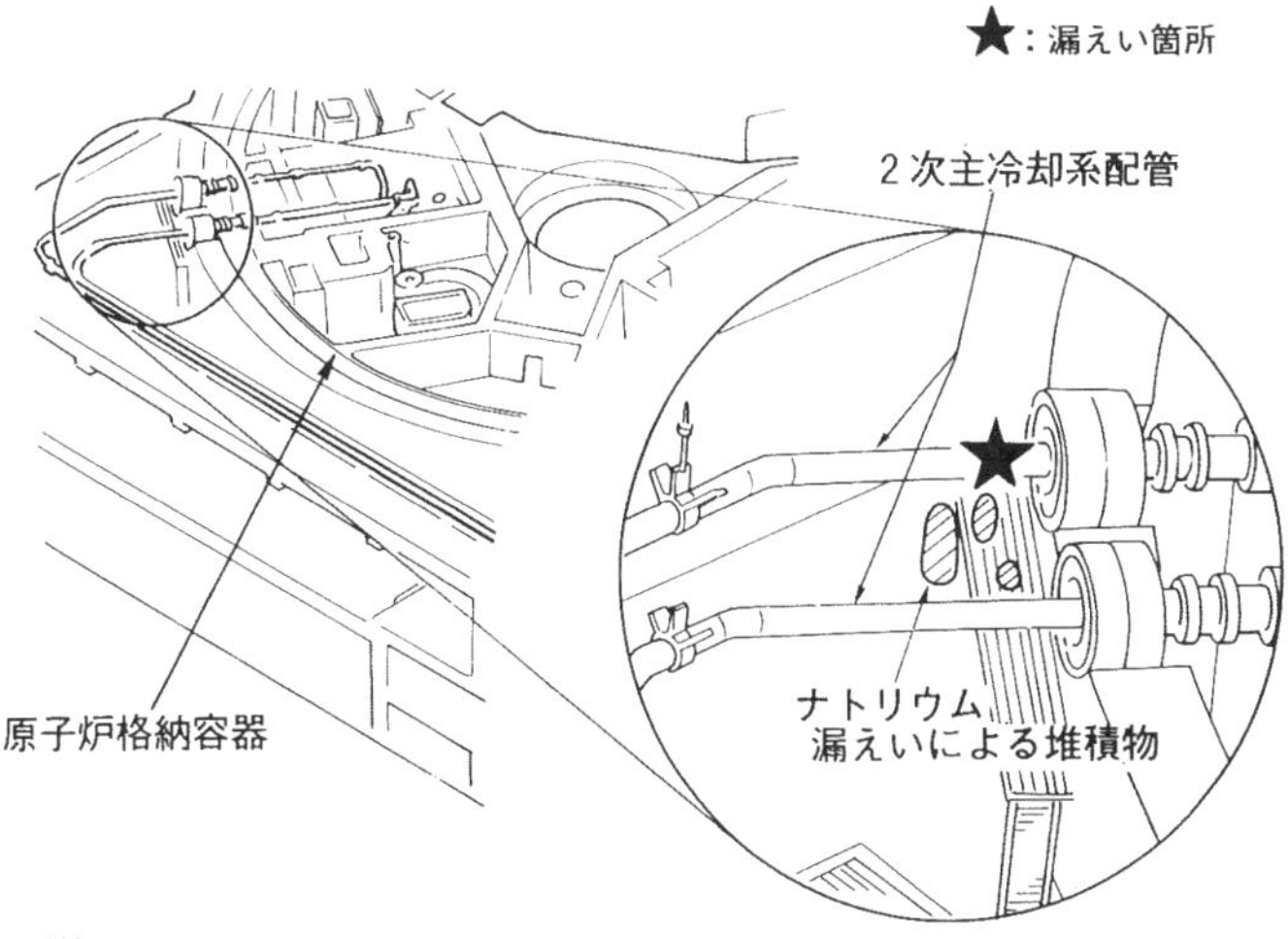

示す計器に変動が見られなかったことから、小規模な漏れと判断して、当直長は運転を続行した。一〇分間に一四もの火災報知器が相次いで鳴り始め、事態は緊急を告げており、この時点でただちに緊急停止すべき状況だった。しかし、小規模な漏れと判断したため、運転マニュアルに基づいて、徐々に下げていくことにした。手動で出力を下げ始めたのは、二〇時ちょうどだった。

二〇時八分頃からまた、二一分間に三六もの火災警報機が相次いで鳴り、運転員が再び現場に覗きにいった。煙は一段と激しくたちのぼっていた。そのため、やっと漏れのひどさに気がつき、原子炉を緊急停止した。二一時二〇分のことだった。

この事故では、判断ミスが、事態の悪化を招いた。ナトリウム漏れは重大事故につながる。そのことが常日頃から運転員に徹底されていれば、最初の警報で停止したものと思える。原発では、わずかな判断ミスや決断の遅れが大きな事故に直結することを示した。

もんじゅの中には、一・四トンのプルトニウム（分裂性のプルトニウムは一トン）があり、それが劣化ウラン四・五トンと一緒に配置されていた。それにブランケットのウランを加えると、燃料は合計で二三・五トンに達している。しかもブランケットの中ではプルトニウムがつくられている。

このプルトニウムや、その他ストロンチウム90などの核分裂生成物が環境中に放出されて

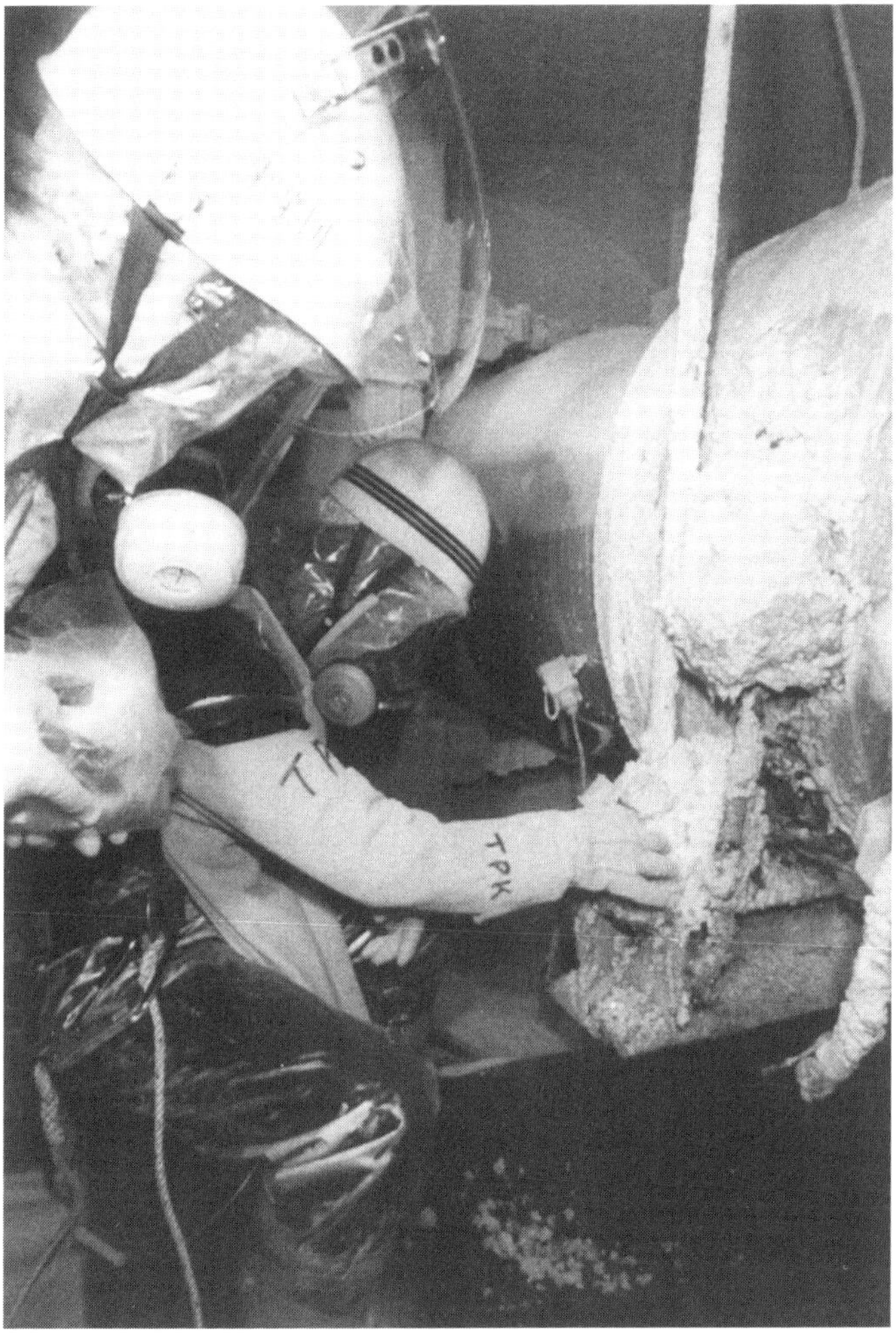

もんじゅナトリウム漏洩事故現場＝1996年１月９日、毎日新聞社

いたとすると、汚染はどのような形で拡大していったか。当時の天気図を見てみると、西高東低の典型的な冬型の気圧配置で、このような時、北陸では必ず北西の風が吹いている。当時も北北西の比較的強い風（一九九五年一二月八日二一時、敦賀で風速一六m）が吹いており、その風に乗った放射能は、福井県から岐阜県、愛知県、長野県、そして首都圏にやってくることになった。

問題は、あらゆる物質の中で最も強いといわれる、プルトニウムの毒性である。プルトニウムは、直径一ミクロン前後の微粒粉塵となって空中を漂いやすく、チェルノブイリ事故でも、かなり遠くまで飛散しており、しかもわずかでも吸入すると肺癌を引き起こす危険性が高くなる。もんじゅのプルトニウムがわずか一％放出されていたとしても、住民の避難や、住めない土地が出てきて、日本列島がパニックになっていたと思われる。

「もんじゅ」は、巨額の資金を投入したあげく、核に汚れた失政のモニュメントとして、永遠に再開を行なうべきではないにもかかわらず、日本原子力研究開発機構は運転再開を至上命令のように、活動してきた。もはや廃炉しかないと思われていた「もんじゅ」の運転が再開されたのが、二〇一〇年五月六日のことだった。実に一四年半の歳月がたっていた。しかし、再開直後から放射能漏れの検出器のトラブルに悩まされていた。そしてわずか三カ月半後の八月二六日、三・三トンもある核燃料交換用の中継装置を誤って原子炉容器内に落下させてしまったのである。事故は、核燃料を交換装置に移すため中継装置を釣り上げた際に起きた。落ちた中継装置は変形し、回収作業は困難を極めた。また重い装置を落下させたことから原子炉容器が破損している可能性もあり、再開したばかりの「もんじゅ」はまた、いつ運転再開にこぎつけるか分からない状況に追い込まれたのである。

グローブボックスでプルトニウムを操作中

プルトニウム燃料

動燃事故

原子力では、事故の隠ぺい・ねつ造・改ざんが行なわれる。その体質は、東京電力だけではない。原子力だから行なわれてきた。高速増殖原型炉「もんじゅ」の事故の際には、公表されたビデオのねつ造が後に明らかになった。

この隠ぺい・ねつ造・改ざんで、その組織の存在そのものが問われたのが、この動燃だった。動燃では、相次いで不祥事が発覚している。一九九七年三月一一日午前一〇時六分、動燃東海村の再処理工場アスファルト固化処理施設が火災事故を起こした。いったん火はおさまったかに見えたが、一〇時間後の午後八時四分に大きな爆発音とともに鋼鉄製のドアが飛び、窓ガラスが粉々になって飛散するなど、大きな事故に発展した。この事故に関して動燃の発表は二転三転し、被曝者の数は増えつづけ、放射能汚染の規模も大きくなっていった。つぎつぎと嘘が明らかになっていったのである。県や村への火災の通報は三二分後、爆発の通報は四六分後であった。原子力事故でのこの遅れは、巨大事故につながる危険性があり、決定的である。

その直後の四月一四日には、福井県敦賀市にある動燃の新型転換炉「ふげん」で、トリチウム放出事故を引き起こしている。この時も、県や市などへの通報が、三〇時間後だった。三〇分でも遅いのに、実に一日以上経ってからの通報である。後に、日常的にトリチウム漏れ事故を起こし、かつ通報していない事実が判明していくのである。

確かに動燃の対応のひどさは際だっていた。しかし、このような体質は東京電力や動燃だけではない。その後、原電工事（日本原電の子会社）が請け負った、使用済み燃料の輸送容器のデータの改ざんが明るみに出たり、イギリスの核燃会社が請け負った関西電力高浜原発用のプルトニウム・ウラン混合酸化物（ＭＯＸ）燃料で、燃料のペレットの寸法の検査データに偽造があることが明るみに出たりしている。

このＭＯＸ燃料について少しふれておこう。福島第一原発事故では、３号機でこのＭＯＸ燃料が使われていた。プルトニウムは原爆の材料となることから、その蓄積をアジア各国が警戒してきた。そのためプルトニウムを消費するために取られた手段が、軽水炉でプルトニウムを燃やすプルサーマルであり、そのための燃料がＭＯＸ燃料である。

この燃料を用いた場合、最も懸念されていることが、ウランとプルトニウムという性質の異なる二つの燃料が一緒に燃やされることである。これまで軽水炉では、ウラン燃料しか使われてこなかった。ウランを燃やすだけでも綱渡りであるのに、そこにプルトニウムまで燃やすことは、さらにきわどい運転が強いられる。

プルトニウムは、中性子を吸収しやすく核分裂も起こしやすい。運転に余裕がなくなり、制御棒の効きも悪くなるなど、多くの問題点が指摘されてきた。そのため燃料の破損が起きやすく、また暴走事故も起きやすくなる。緊急時の対応が、他の原子炉とは異なるため、作業が複雑になる。

今回の事故で3号機の事故の推移と、事故がもたらした汚染状況がとくに心配されたのは、このことからである。そして、なによりプルトニウムが使われていることで、事故が起きた際に、毒性が強いプルトニウムの大規模な汚染をもたらすことである。

動燃誕生の背景

日本政府が新型原子炉開発の方針を打ち出すのは、一九六〇年代前半だった。実際に研究が始まったのは一九六三年で、最初は原子力研究所（略称・原研、後に動燃と一緒になり日本原子力研究開発機構となる）が担当していた。

一九六七年に高速増殖炉と新型転換炉を一〇年計画、二〇〇〇億円の予算で開発する国家プロジェクトが正式に決定した。そのプロジェクトの担い手として、科学技術庁の外郭団体である原研と原子燃料公社が争った。後者が勝利を収め、こうして特殊法人・動力炉・核燃料開発事業団（略称・動燃）が、一九六七年一〇月に発足したのである。

研究がすでに原研によって始められていたことから、この国家プロジェクトは当然、原研

高速増殖実験炉「常陽」

が引き継ぐと見られていたが、それが動燃設立へと「変更」されたことに関して、当時、公然とささやかれていた噂は、「原研は労働組合が強く、左翼が多いのに対して、原子燃料公社にはアカはいないといって、原子燃料公社が強引に変更させたのだ」というものだった。

科学技術庁は、別名原子力庁といってもよいほど、原子力が占める割合が圧倒的に高い役所であった。その外郭団体の中で最も大きな顔をしているのが動燃だ、といっても差支えないほどであった。原子力関連予算も動燃がかなりの割合を押さえてきた。

日本が購入する原子炉のほとんどが軽水炉であり、燃料の濃縮ウランをすべてアメリカに依存していることから、新型炉開発は、燃料の自立と、核燃料サイクルの確立を目指す、という大義名分がたち、とくにオイルショック後は、日本の科学技術政策の柱であり、エネルギー政策の柱になったのである。

こうして動燃が、高速増殖炉と新型転換炉を二枚看板にして発足した。しかしその二枚看板は、なかなか思うような成果を上げることができなかった。

堕ちた看板

一九七〇年三月には新型炉開発の拠点として大洗工学センターがつくられ、高速増殖炉の実験炉「常陽」が建設され、一九七七年四月に臨界に達するのである。原型炉「もんじゅ」の福井県敦賀市白木への設置が決められるのは、一九七〇年四月のことだった。設置許可が一九八三年五月、建設開始が一九八五年一〇月、臨界の予定はのびのびになり、当初の予定であった一九九一年五月より三年近く遅れて、一九九四年四月にようやく試運転に漕ぎ着けた。

新型転換炉の開発も遅れた。新型転換炉とは、減速材に重水、冷却剤に軽水を用い、天然ウラン、MOX燃料、プルトニウム燃料を使うことができ、しかも運転しながら燃料を交換できることが売り物だった。原型炉「ふげん」の場合、福井県敦賀原発の隣に予定通り一九七〇年から建設が始まったが、運転開始は大きく遅れ、当初の予定から三年遅れて一九七八年にやっと始まった。原型炉の次にくる実証炉は、一九八八年に建設開始の予定だった。建設は延び延びになった上に、一九九五年七月、電気事業連合会が「発電原価が三倍もかかる」として建設の中止を申し入れたことから、ついに建設中止、新型転換炉開発からの撤退が打ち出されたのである。二枚看板の一枚がなくなったのである。

「もんじゅ」もまた新型転換炉同様、経済的な問題を抱えていた。この原子炉の電気出力は二八万キロワットである。建設費用は当初の予定を大きく上回り約六〇〇〇億円に達し、一〇〇万キロワット級軽水炉の建設費用約四〇〇〇億円に比べてはるかに高いものになってしまった。高騰する建設費を抑えようと数多くの手抜きが行なわれたものと思われる。それが事故につながっていった。

「もんじゅ」が送電を開始したのは、一九九五年八月二九日のことで、フル稼働の約五%の一万四〇〇〇キロワットの送電だった。そして一九九六年六月の一〇〇%出力を目指して、出力四三%で試験運転中に、事故が発生した。予定では、「もんじゅ」の後に実証炉が建設されることになっていた。

電力関係の技術者の間では、この「ふげん」と「もんじゅ」をもじって次のようなジョークがささやかれていた。

「普賢と文殊のあとはお釈迦（オシャカ）だよ」

動燃は、釈迦の両脇にいる知恵と慈悲を象徴する菩薩である、普賢と文殊から命名したが、技術者はそのように受けとってはいなかった。すでに事故を予想していたのである。今度の事故が致命的なのは、起きると予想されていた事故が起きたことである。

末期症状を迎えていた動燃の現場

すでに見てきたように、技術的にあまりに危険なため世界的にはいま高速増殖炉は撤退の趨勢にある。原子炉の開発は、まず実験炉から始まり、次に原型炉がつくられ、さまざまな技術的問題点が検討され、さらに実証炉がつくられ、その次にやっと商用炉がつくられるようになる。

原型炉以上で見てみると、米国では原型炉として計画されていたクリンチリバーが、一九八三年に正式に計画段階で中止が決定している。英国では原型炉のＰＦＲが一九九四年に閉鎖された。フランスでは原型炉のフェニックスがたびたび事故を起こした後、運転停止の状態が続き、世界で唯一の実証炉スーパーフェニックスもまた同様、運転の停止と再開を繰返し、廃炉状態である。ドイツの場合、原型炉ＳＮＲ３００が完成目前で放棄された。ロシアもまた原型炉どまりで、実証炉ＢＮ８００の建設を中断させている。

このように世界的に見ていま高速増殖炉は撤退・中止が相次ぎ、積極的に開発を進めようとしている国は唯一日本だけである。それは動燃という組織があったからである。

動燃は「技術者集団」である。ウラン鉱山がある岡山県人形峠や岐阜県東濃、福井県ふげん・もんじゅ発電所、研究・実験施設がある茨城県大洗工学センター、再処理工場やプルトニウム燃料加工施設などがある茨城県東海村などの現場に、その技術者が散らばっていた。役員は電力会社とメーカー出身者が占め、かなりの数の電力会社、メーカーからの出向技術者がいた。

出発時点から動燃を支えたきたのは、税金と民間企業の技術者だった。裏返すと、国の税金に民間企業が群がったともいえる。動燃自らも技術者を育成していった。しかし原発への批判が強まり、理工系学生の原子力離れが起き、優秀な学生が集まらなくなってしまった。しかも、思うように建設が進まず、カネ食い虫の新型炉開発への批判が高まり、動燃内部の士気は低下する一方であった。末期症状を迎えた動燃が、「もんじゅ」事故を引き起こしたといえる。

「動燃に夕方頃行くと、必ずといっていいほどオフィスで宴会をやっています。ビールビンの空いたのがゴロゴロしてますし、酒臭い人がエレベータに乗ってきたりで、ひどいなと思っていました」

こういうのは、動燃を相手に商売をしているある企業の技術者である。

「動燃の情報隠しの体質はひどくて、科学技術庁の役人すらひどいと言っているくらいです。ビデオなどの情報隠しを暴いたのも、科学技術庁の関係者ではないかという噂があるくらいです」

というのは、ある新聞記者である。低下する士気と技術レベルをごまかすために情報隠しが公然と行なわれてきたのである。結局、この動燃の体質が、動燃自身の解体をもたらしたといえる。

敦賀原発の配管亀裂事故

一九九九年七月一二日、敦賀原発2号機で、配管に生じた亀裂箇所から、放射能を含んだ一次冷却水が漏れ出る事故が発生した。突然割れたような鋭利な傷が生じたためである。一次冷却水の流失は、炉心溶融事故につながるだけに重大事態である。

流失した冷却水は、原子炉格納容器の五層となった、すべてのフロアを汚染していた。この事故では、漏れた水量が二転三転するという事態が生じており、一時は、一三二トンが行方不明になったとされた。また、事故後の調査で、新たな配管亀裂の箇所が次々と見つかったのである。原発事故では、発表の変更は日常茶飯事であり、何を信用してよいかわからなくなる、とよくいわれるが、ここでも繰り返された。

ＪＣＯ臨界事故起きる

作業員が「青い光を見た」ことが、日本列島を震撼させた臨界事故の発端だった。一九九九年九月三〇日午前一〇時三五分、東海村のウラン燃料工場「ＪＣＯ（旧日本核燃料コンバージョン）東海事業所」で起きた事故は、日本で最初の臨界事故であり、中性子線を出しつづけ、放射性気ガスを環境中に放出させ、緊急避難や屋内退避が行なわれた最初の事故でもあった。

もし核爆発が起き、建屋が破壊されれば、首都圏を巻き込んだ大事故に発展する危険性があった。このＪＣＯは、ウラン燃料の再転換加工を行なっている企業である。ウラン原料の酸化ウランは、濃縮しないと軽水炉で使用できないため、いったん濃縮しやすい気体状の六フッ化ウランに転換させる。濃縮した後に、ふたたび酸化ウランに再転換してから燃料として用いる。その再転換して燃料に加工する工場が、このＪＣＯ東海事業所である。

事故が起きたのは、酸化ウランを硝酸に溶かして沈殿させ、不純物を取り除く工程でのことである。一定量以上は、沈殿槽に行かないようにして臨界事故を防ぐようになっていた。ところがバケツを使って直接沈殿槽に入れることで作業の効率化をはかっていたため、大量に高濃縮のウランが入り臨界事故に至ったと見られている。

濃縮工場や再転換加工工場で想定されてきた最悪の事故、といわれてきたのが、この臨界事故である。その事故が実際に起きてしまった。臨界とは、最初で述べたように、核分裂物質が一定量に達すると自動的に始める核分裂連鎖反応である。すなわち、原爆の爆発と同じ状況を意味する。

臨界事故とは、なんらかの理由で核分裂物質が集中して、原発の炉心で起きるような核分裂連鎖反応が起き始め、一歩進むと大爆発に至る危険な事故のことである。プルトニウムや濃縮ウランを取り扱う施設では、もっとも起きてはいけないとされてきた事故である。核分裂物質が一定量を越えると自動的に起きるため、一定量に達しないようにすることが、安全性確保のポイントになる。

臨界事故を避けるため、核燃料施設では形状管理と呼ばれる管理方法が取られている。これは、装置や容器などの形や大きさ、配列を制限することで、臨界量に達しないようにする方法である。しかし、この方法では効率が低下することから、他の方法を用いるところが多い。ＪＣＯ東海事業所の場合も、形状管理の管理方法をとっていなかったことが、臨界事故に至る結果となった。

この事故では、日常的にバケツを用いてウランを大量に沈殿槽に入れることによって、効率アップをはかっていた。その背景には、外国の安い核燃料によって経営が圧迫され、リストラによって大幅な人員削減が行なわれており、それがずさんな管理につながっていたことがある。

事故が起きた九月三〇日は、午前一〇時三五分から翌朝六時三〇分まで核分裂連鎖反応がつづいた。

事故を終息させたのは、突撃したＪＣＯ社員による被曝作業によってであり、改めて事故を終わらせる難しさを浮き彫りさせた。

臨界がつづいている間は、中性子が周辺に飛び交っていた。また、放射性気ガスであるクリプトンやキセノン、あるいはヨウ素などは、臨界が終息した後も、建物から環境中に漏れでた結果、周囲に放射能汚染をもたらした。その汚染の状態は、その後、あいまいにされてしまった。

政府の対応の遅さ、地元自治体との連携の悪さが問題になった。市民を含む四九人が被曝し、重症者も出ている。三一万人が屋内退避を強いられた。屋内退避は、いざというときに大量被曝をもたらすことがある。けっして良い対策ではない。このような事故から逃れる方法は、風上に向かって、できるだけ遠くに逃げることである。事故が起きたときの住民避難の難しさを示した事故でもあった。

しかも、放射能汚染の程度と範囲があいまいなまま、安全宣言が出された。どれだけの汚染だったか、すくなくとも安全宣言が出せる状況にない段階で、宣言が出されたように思える。その後、小渕首相（当時）が現場でメロンや刺身を食べるパフォーマンスを行なった。

事故の背景

このＪＣＯ東海事業所の臨界事故には、いくつかの背景があった。まず、ＪＣＯではリストラによって大幅な人員削減が行なわれており、それがずさんな管理につながった。その結果、現場作業者が不慣れであり、安全教育もまともに行なわれていなかったことが事故に直結した。

いつもルーチンで製造している三％程度と濃縮度の低い軽水炉用燃料ではなく、まれにしかつくらない、一八・八％という濃縮度の高い高速増殖実験炉の「常陽」の燃料だったため、臨界事故に結びついた。

ＪＣＯ東海事業所では、日頃から効率アップを計るためにバケツを用いていたことから考えても、恐らく、ハッとする出来事はよくあったと思われるし、臨界事故寸前までいった事故も起きていたと思われる。また、日常的な被曝を当たり前に考えていたとしか思えない、人間を人間と考えていないような現場であったようだ。そのような感覚こそが、大事故に結びついていったと思われる。

また、このような核燃料工場を管理・監視・指導する立場にいる国や自治体、親会社も、

「従来想定していた事故」の範囲外だったことが、管理の甘さをもたらした。臨界事故が起きやすいのは「ウラン濃縮工場」だと考えられていた。「核燃料の再転換加工工場」では、事故が起きにくいと想定されていた。そのまさかの気持ちが、管理の甘さに結びついていった。

今回の福島の核惨事でも「想定外」という言葉が言われたが、原子力においては想定外はあってはいけないことである。ＪＣＯ事故でも、さかんにこの言葉がいわれたが、いいわけでしかない。

また、災害は忘れた頃にやってくるというが、ＪＣＯの事故は、近くにある同じ東海村の動燃の再処理工場での火災・爆発事故が一段落して、いよいよ操業再開という寸前で起きている。事故の後処理が一段落して、気が緩み始めた時に起きた事故ともいえる。

原子力事故での最初の犠牲者

その年の一二月二一日午後一一時二一分、大内久さんが亡くなった。日本の原子力施設で起きた事故での、最初の犠牲者である。これまで日本では、事故による死者は出ていなかった。また、世界的に見ても、一九八六年にソ連（当時）で起きたチェルノブイリ原発事故以来の犠牲者である。

事故の時、二人の労働者が、八酸化三ウラン粉末を硝酸で溶かした溶液を沈殿槽に漏斗とバケツを用いて注いでいた。大内さん、篠原理人さんである。大内さんが、沈殿槽のすぐそばに立ってウラン溶液を注ぐ漏斗《じょうご》をもち、篠原さんが、その漏斗にバケツからウラン溶液を流し込んでいたと、推定されている。作業は、三人で一つのチームを構成していた。もう一人の横川豊さんは隣室にいた。

突然、臨界事故が起きたことを示す青い光が発生した。その瞬間、沈殿槽と向き合っていた大内さんは、まともに全身に強い放射線を被曝した。瞬間の推定被曝線量は、大内さんの場合、一六〜二〇シーベルト、篠原さんは六〜一〇シーベルト、横川さんは一〜四・五シーベルトである。

一九七五年に米原子力規制委員会によって発表された報告書「ラスムッセン報告」によると、急性放射線障害での早期死亡の「しきい値」は三・三シーベルトとされている。しきい値とは、これ以上被曝すると急性死が起き得る数値である。半数致死量は五・四シーベルトとされた。その他の研究報告書を見ても、しきい値は一・五〜三・三シーベルト、半数致死量は三・五〜五・四シーベルトであり、七シーベルトを超えるとほとんど生き残ることは不可能とされてきた。

この数値と比較すると、大内さんの被曝線量のすごさがうかがえる。絶対助からない被曝線量である。篠原さん、横川さんもまた、かなり高い被曝線量である。

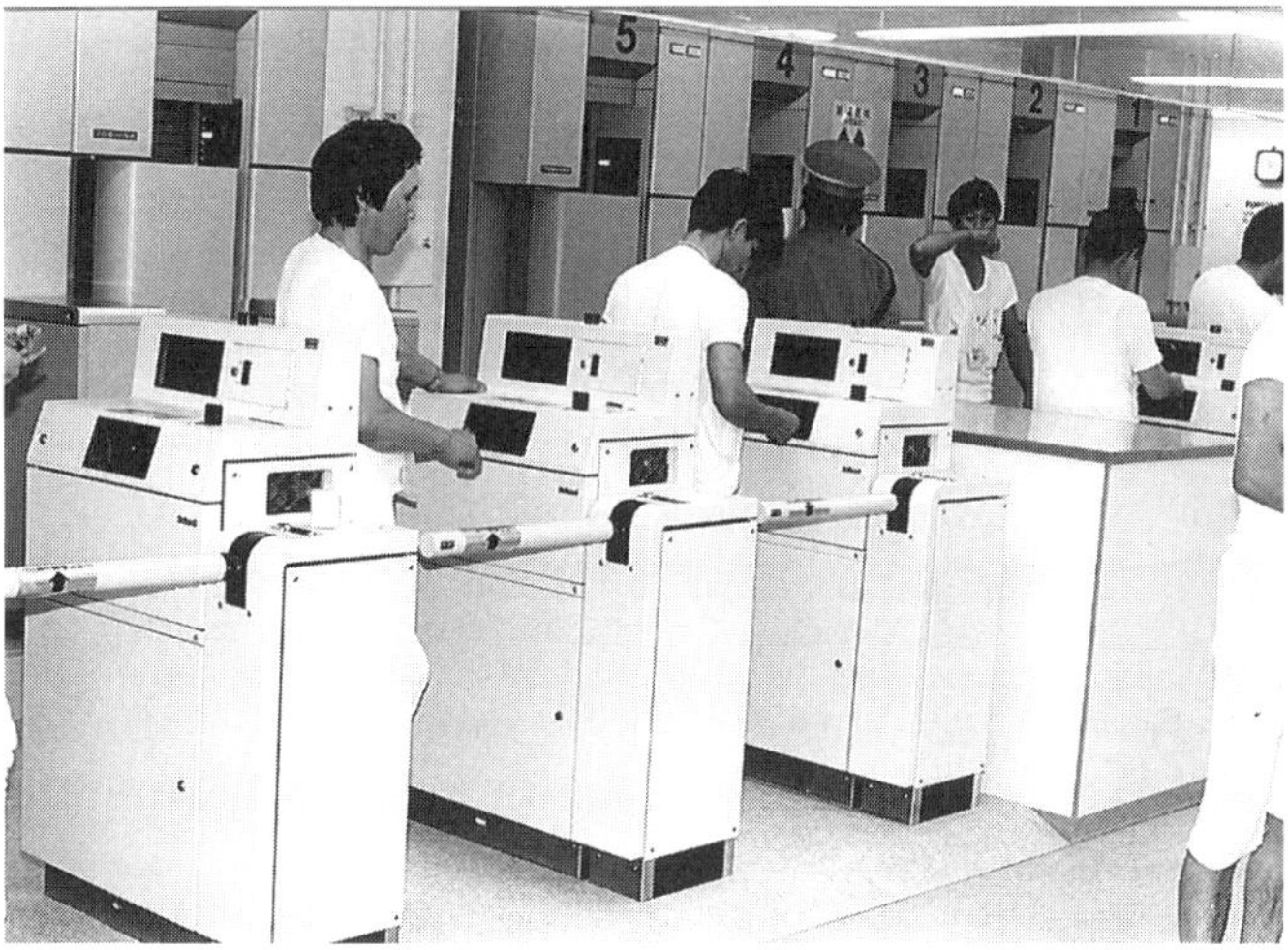

原発を支えているのは下請け・孫請け企業の作業員である。

被曝労働者着替え室

病気との闘い

一〇時四三分にＪＣＯから一一九番がかけられ、救急車がかけつけた。この時、消防隊員は放射線の防護服をつけていなかった。大内さんは横たえられていた。自力で立ち上がることもできず、激しく嘔吐していた。三人は国立水戸病院に運び込まれ、応急処置が施された後、ヘリコプターで放射線医学総合研究所へと移送された。大内さんと篠原さんは担架で、横川さんは自力で歩いての入院だった。

症状の重い二人に対して、放射線医学総合研究所では治療が難しいと判断、大内さんは一〇月二日に東京大学付属病院に、篠原さんは一〇月四日に東京大学医科学研究所へと、さらに移送された。こうして東大病院での大内さんの闘病が始まった。

大内さんは、大量の放射線を外部から被曝し、急性放射線障害の諸症状を呈していた。多量の放射線を被曝すると、染色体や細胞が破壊されるため細胞の機能が失われる。小腸では、細胞を絶え間なくつくりつづける幹細胞が損傷を受けると、再生能力が失われ補充されないため、腸内の粘膜の細胞がなくなり、食べ物や水の吸収ができなくなるだけでなく、血液や体液などの流出が起きる。また、腸内壁からの細菌の侵入も容易になる。それらが生命を脅かす。そのため、絶え間ない輸血や、血圧維持、無菌室での治療が必要になる。

東大病院が毎日発表している臨床経過では「消化管からの出血と血球貧食症候群のために持続的に輸血を必要としています」とずっと書かれている。また、ずっと無菌室での治療となった。

骨髄細胞が損傷を受け、血液をつくる力が弱まるため、赤血球や白血球などが減少し、体を守ることができなくなり、感染症が起きやすくなる。輸血とともに、リンパ球などの補給が必要となる。大内さんはそのため、親族の造血幹細胞を移植する末しょう血幹細胞移植を行なっている。また、骨髄移植も検討され、提供者探しが行なわれた。

臨床経過では、一二月一一日には一cc中に一二〇〇あった白血球の数が、一二月一九日には四〇〇になり、少なくなっていく数値とともに、生命力が徐々に弱まっていく様子が伝えられている。

皮膚炎では、被曝線量が五シーベルトを超えると赤くなり、さらに被曝線量が増すと水ぶくれができ、二〇シーベルトあたりから糜爛《びらん》状態が起き、真皮の壊死《えし》が生じる。大内さんの場合、水ぶくれが次から次へとでき、皮膚が破壊され、体液の流失が起きたという。そのため皮膚移植が行なわれている。

大内さんの死の直後に行なわれた記者会見で、医師は、下血など大量の出血が続き、血圧を維持する昇圧剤の投与量が増えていったが、その量が限界に達したと述べた、と報道されている。可能な限りの治療が行なわれてきたことがうかがえる。にもかかわらず、余りにも大量の放射線被曝だったため、最後は多臓器不全で亡くなった。その後、篠原理人さんも亡くなった。

国の政策の犠牲者

大内さんが亡くなった翌日、東大付属病院に行ってみた。すでに新聞記者などの姿はなく、すっかりいつもの病院の光景だった。何人かの人に、大内さんの入院に関して尋ねてみた。入院患者や見舞客は、大内さんの存在は知っていても、特別な人という感じでみており、関心は薄かった。

医療の現場での必死の治療とは別個に、国は原子力行政に大きなダメージを受けないように必死になって延命を試みた。その一つが、骨髄移植での緊急コーディネートの実施であった。骨髄バンクが移植の公平の原則を踏みにじって、「国の要請」を受け、大内さんへの移植を優先させたのである。

臓器移植の公平性など、もともとあり得ないことであって、このように国が介入して優先順位を変えるなどは、いくらでも起こり得る話である。脳死移植を推進する際には、公平性をいいつづけていたにもかかわらず、国策が絡むと、建て前をなりふり構わずかなぐり捨ててしまった。それだけ原子力へのダメージを最小限に食い止めようとする意図がうかがえる。

多数の被曝者

大内さんと篠原さんの死をもたらした、バケツと漏斗を用いてウラン溶液を大量に沈殿槽

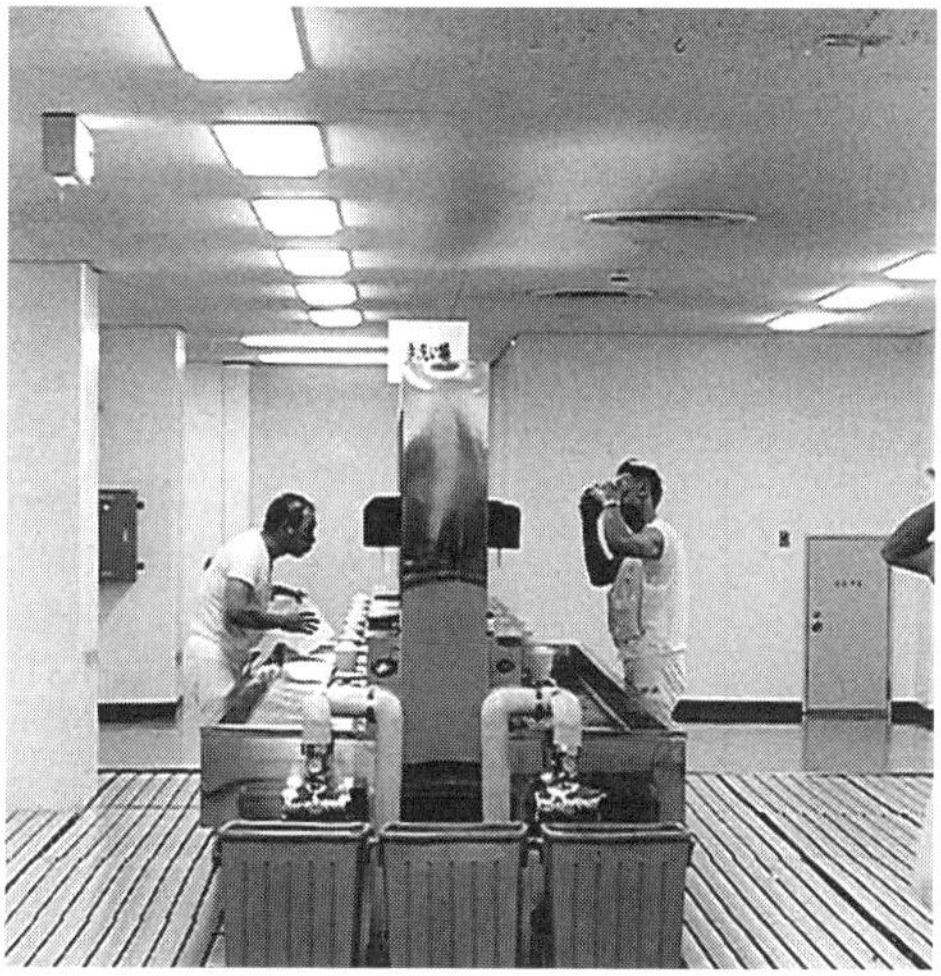

被曝労働者

被曝労働者

に入れる作業方法は、「裏マニュアル」にもとづいた、効率アップが目的で考えついたものだった。この経済性優先が、ずさんな管理につながった。三人の労働者は、いずれも八酸化三ウラン粉末を硝酸で溶かす工程での作業が未経験だった。しかも臨界事故の危険性が知らされていなかった。安全教育がまともに行なわれていなかったことが事故に直結した。大内さん、篠原さんは、直接的には、JCOの経営方針の犠牲者だったといえる。しかし、この労働者に対する安全性軽視の体質は、日本の原子力政策そのものの体質である。

この事故の被曝者は、一二六人と発表されている。JCOとその関連企業の五九人、消防隊員の三人、隣接の建設資材会社の七人、事故に対応するため作業した核燃料サイクル機構の四九人、原研の八人である。その他に、避難所を利用した一二〇人が被曝登録者となった。その他の付近住民は入っていない。二㎞先まで中性子が観測されていることから、被曝者の数がこれだけにとどまることは有り得ない。

被曝労働者は被曝者に含まれない

住民以外にも、被曝者からはずされている人たちがいる。会社が志願兵を募り、「特攻隊」として事故の現場に送り込まれたJCOの社員たちである。臨界を止めるために冷却水を抜き取る作業を行ったり、沈殿槽内にホウ酸を注入したり、事故が広がらないように施設の回りに土のうを積んだ人たちは、「計画被曝」ということで、事故による被曝者からははずされている。この時、緊急時被曝の限度として設定されている数値が、一〇〇ミリシーベルトである。事故を終息させたのは、この「特攻隊」による被曝作業によってだった。事故の終焉だけではない、原子力そのものが、この「計画被曝」によって成り立っているのである。

大内さん、篠原さんの死まで、政府や電力会社は、日本の原子力施設では、放射線被曝で死んだ人はいない、と言ってきた。しかし、計画被曝では、多くの人たちが晩発性障害で苦しんできた。がんや白血病で多くの人が死んでいる。これらの人は、原子力の被害者には含まれていないのである。

自らの体験を『原子炉被曝日記』（技術と人間刊）という著書にまとめた森江信さんは、原子炉内の作業について「仕事それ自体はきつくなく、しかも放射線を被曝してもいたくも痒くもないため、それがかえってよくない結果になる。他人よりも多く被曝すると、よく働いた、という傾向がつくられていた」と、被曝労働をやめた直後に述べていた。被曝労働の特徴は、よく仕事をしたか否かの尺度が被曝量になっている点にある。よく働けば働くほど、晩発性障害に苦しむことになる。

このように、人の命と交換に原子力は成り立っている。大内さん、篠原さんの死は、そのことを改めて示したといえるし、福島で事故を終わらせるために必死になって働いている現場の作業員も同様である。この作業員の大半が下請け、孫受け、曾孫受け企業からの派遣労働者である。東京電力の正社員ではない。原発の持つ差別構造がもたらす大きな問題点である。福島原発で、事故処理のため大量に被曝した労働者の、今後の健康管理もまた、政府や東京電力が負うべき課題である。

美浜原発一一人死傷事故

ＪＣＯの事故からまもなく、また現場の作業員の死傷事故が発生した。

二〇〇四年八月九日、福井県美浜原発3号機のタービン建屋で、二次系配管が破損し、高温の蒸気が噴出し、作業中の労働者一一人が死傷した。

いずれも孫請け企業の人たちであった。原子力は差別の構造を作り出してきた、と述べたばかりである。このように犠牲になるのは、ほとんどが下請け・孫請け・曾孫請けの労働者である。

志賀原発臨界事故

ＪＣＯ臨界事故が起きる直前の一九九九年六月一八日、志賀原発（石川県）において定期点検中の1号機で臨界状態が一五分間続いていたことが明らかになった。このことが明らかになるのは、二〇〇七年三月一五日のことだった。実に八年もの長い間隠され続けたのである。事故は、定期点検中で制御棒八九本が入れられ止まっているはずの原子炉で起きた。その制御棒三本が抜け落ち、臨界状態に達したのである。

事故に至らないまでも、データや検査結果の改ざんや捏造は、どの原発でも日常化しており、福島原発でも発覚している。二〇〇七年一月三一日、東京電力は原発にかかわるデータの改ざん・捏造が約二〇〇件あった、と発表した。福島原発では、第一、第二合わせた一〇機中九機で、国の法定検査の改ざんが行なわれていた。

もう少し詳しく見ていこう。二〇〇二年八月二九日、原子力安全・保安院は、東京電力が行なった自主点検の記載に不正の疑いがある、と発表した。福島第一、第二、そして柏崎原発で、圧力容器の中にあって炉心を囲む構造物であるシュラウドの損傷などを隠ぺいしていたというのである。これは、隠ぺい工作発覚の端緒に過ぎなかった。その後、再循環系の配管の損傷を隠していたこと、原子炉格納容器の気密試験データの偽造まで見つかった。この隠ぺい・不正は東京電力だけでなく、他の電力会社でも行なわれていたことが明らかになっていった。

そして、二〇〇七年一月三一日、東京電力は原発にかかわるデータの改ざん・捏造が約二〇〇件あった、と発表した。原発だけでなく、火力発電所でも行なわれていた。柏崎原発では、安全性の要ともいえるＥＣＣＳ（緊急炉心冷却装置）での法定検査も不正を行なって合格させていた。福島原発では、第二原発４号機を除き、第一、第二合わせた一〇機中九機で、国の法定検査を通過するために改ざんが行なわれていたのである。

このような体質が、今回の核惨事を招いたのである。言い訳は許されない、ひどい体質である。

新潟中越沖地震による柏崎原発事故

二〇〇七年七月一六日午前一〇時一三分、中越地震の復興途上にあった新潟県中越地方を再び地震が襲った。この地震が、合計出力が八二一万二〇〇〇キロワットで、ひとつの発電所としては世界最大規模をもつ柏崎原発を、至近距離で直撃した。この地震の規模を示すマグニチュードは六・八で、震度は六強だった。当時、１、５、６号機は停止中だったが、２、３、４、７号機は運転中だった。地震直後、稼働中のすべての原発が自動停止した。

柏崎原発は、建設前から「活断層の上に立ち地震にもろい原発」と指摘されていた。その指摘が的中してしまった。地震は、さまざまな機能を妨げる。棚が倒れ、電話やファックスが使えなくなったり、ドアが歪んで開かなくなるなど、人々の動きを妨げ、攪乱した。

原子炉は緊急停止した。水位が下がり炉心がむき出しにならないように、原子炉内の温度を下げていかなければならない。この時、２号機でポンプが故障し、水位が低下し始めた。事態は切迫していた。そのため手動によってECCS（緊急炉心冷却装置）を作動させ、事なきを得た。これによって柏崎原発の原子炉はすべて「停止」となった。

しかし、事態は思いがけない方向に向かっていった。３号機に隣接する変圧器で火災が発生し、一面黒煙がたなびく異様な状態となったのである。もし、対処を誤れば、大事故に発展しかねない状況だった。この火災に対して、自動消火システムは機能しなかった。しかも消火栓は使いものにならなくなっていた。あわてた社員が、消防本部に連絡したが、休日だったこともあり、当直の人は地震で被災した住民の救助に追われ、すぐには対応できない旨が伝えられた。社内の自衛消防隊も不在だった。化学消防車も配備されていなかった。やっと消防本部に馳せ参じた非番の人たちが、化学消防車で駆けつけ、鎮火にこぎ着けた。原発敷地内には地割れが起き、道路が波打っていた。もし道路が消防車の行く手を妨げていたら、消火活動はうまくいかなかったかもしれない、そんなぎりぎりの状況だった。

情報開示や提供も遅れ、避難指示も遅れた。県による原子力安全・保安院への問い合わせに対して、同保安院から「住民の避難の必要なし」という回答が来たのは、地震発生後一時間以上たってからだった。このように、地元自治体や住民はいつも後回しにされてきた。

この地震で、すべての燃料貯蔵プールで冷却水が波打ち、飛び散り、そこで作業をしていた人たちが被曝し、海を汚染していた。6号機では、一・二トンもの水が海に流れていた。地震では、この燃料貯蔵プールの冷却水対策が必要であることが示された事故である。しかし、その教訓は福島では生かされることはなかった。また、7号機からは、放射性ヨウ素が環境中に二時間にわたって放出され続けたのである。

地震は、いつ起きるかわからない。またどのような形で起きるかもわからない。しかも地震になると、日常的な訓練や対策は生かすことができない。この教訓が、福島で生かされることはなかった。過去に起きた主な事故を振り返ってみたとき、すべての事故は、福島の核惨事をもたらす状況を醸成していたといえる。

第６章　過去の事故と福島の事故

繰り返されてきた事故

「事故論こそ技術論の本質である」と述べたのは、今は亡き技術評論家で、帝京大学教授だった星野芳郎さんである。事故によって、その技術の本質が露呈する。今回起きた福島の事故を総括すると、これまでの事故をまったく反省しなかった電力会社の体質が見えてくる。それをまとめてみると、次のようにいえそうである。

生命とは相容れない放射性物質の放出をもたらすのが、原発事故である。そのため、絶対というほどの安全性が求められてきた。しかし、事故は日常的に起きてきた。しかも反省されないまま繰り返し起きてきたといえる。それは第1章から第5章でみてきた通りである。福島の核惨事は、その繰り返しの末に、取り返しのつかない事態を招いた事故だといえる。これまで述べてきた事故と福島第一原発事故の関連を整理してみよう。

なぜ事故は、反省されないまま繰り返されてきたのか。経済性が優先されてきたことが、最大の要因である。金儲け主義である。経済的に割が合わないと、切り捨てられる。最初に切り捨てられてきたのが、安全性である。さらにコストダウンを図るために、外注化が進められた。下請け、孫請けが当たり前であり、安全上要の位置にいる人員までもが、本社社員ではなくなり、その人員も次々と減らされてきた。

かつて、チェルノブイリ原発事故が起きる直前、日本では有沢広巳原子力産業会議議長が、同会議の第一九回年次大会の所信表明で、「いまの原発はオーバーデザインになっている。それを整理してもっとコストダウンをはかるべきだ」という趣旨の発言を行なっていた。世界的にも原発推進の動きが盛り返した時だった。

スリーマイル島事故が起きた後、しばらくは原発に対する否定的な動きがみられるが、忘れかけたころに再び推進派の反撃が始まり、同時に、油断も起きてくる。そのようなときが最も危なくなる。有沢発言はそれを象徴している。

福島もまた、チェルノブイリ事故から二五年が経過して、多くの人が原発事故の恐ろしさを忘れかけたころに起きた。民主党政権になり、積極的に国内で新増設を進めるだけでなく、海外にも売り込みを図ろうとした矢先だった。また、温暖化対策の切り札として、世界的にも推進の動きに拍車がかかり、安全性を忘れかけたときだった。このような時期に、大事故は起きる。

経済性優先

このように絶対的な安全が求められる原子力産業でも、資本主義の経済性優先の原則は貫かれている。「安全性はコストの問題である」。コストを抑えれば安全性は失われていく。その結果、本来原子力では行なってはいけないタブーまでも冒すようになってしまう。

その代表的な事故が、ＪＣＯ事故である。ここでは日常的にバケツを用いてウランを大量に沈殿槽に入れることによって、効率アップをはかっていた。その背景には、外国の安い核燃料によって経営が圧迫され、リストラによって大幅な人員削減が行なわれ、それがずさんな管理につながっていたことが、事故の背景にあった。

このような傾向は、もちろんＪＣＯ事故だけではない。日本の原子力施設、ひいては社会全体で蔓延してきたといえる。経済性を優先させ運転されていることを、端的に示した事例が、今回事故を起こした福島第一原発の6号機で一九八八年一月一三日に発生した火災事故であった。タービン建屋で火災が起きながら運転が止められることはなかった。原発は、一度止めると、再稼働までに時間がかかるからである。

東京電力の体質をよく表した出来事だった。この体質が今回の核惨事を招いたといえる。

繰り返される隠ぺい・ねつ造・改ざん

絶対起こしてはいけないのが原発事故である。だからこそ、事故が起きると隠ぺい、ねつ造、改ざんが繰り返されてきた。

日本で起きた原発事故で長く隠された前例が、一九七三年三月に福井県にある関西電力美浜原発1号機で起きた、燃料棒折損事故である。定期検査で、燃料棒のうち二本の上部七〇cmほどが折れているのが発見された。燃料棒を覆っているサヤのかけらとともに、中に詰められていた酸化ウランが炉の底に崩れ落ちていた。サヤは、燃料や死の灰を封じ込める役割を果たしている大事なものである。そのサヤが壊れていたのである。

この事故の存在については、内部告発で明るみに出ていたが、関西電力は認めようとしなかった。同社がやっと事故の存在を認めたのは、三年以上経った、一九七六年一二月七日であった。

事故隠しは、原子力の体質そのものであり続けた。事故隠しで、その質の悪さが指摘されたのが、動燃（動力炉・核燃料開発事業団、当時）である。

その事故隠しがきっかけになって動燃は解体され「核燃料サイクル開発機構」となり、その後、日本原子力研究所と統合されて、現在は独立行政法人・日本原子力研究開発機構となった。

一九九七年三月一一日に起きた茨城県東海村の再処理工場アスファルト固化処理施設火災事故に関して、動燃の発表は二転三転し、発表のたびに被曝者の数は増えつづけ、放射能汚染の規模も大きくなり、つぎつぎと嘘が明らかになっていった。県や村への火災の通報は、事故発生後三二分後、爆発の通報は四六分後であった。原子力事故でのこの遅れは、巨大事故につながる危険性があった。

その直後の四月一四日には、福井県敦賀市にある同事業団の新型転換炉「ふげん」で、トリチウム放出事故を引き起こしている。この時も、県や市などへの通報が、三〇時間後だった。後に、日常的にトリチウム漏れ事故を起こし、かつ通報していない事実が判明した。さらには福井県敦賀市にある高速増殖原型炉「もんじゅ」の事故の際には、公表されたビデオが、意図的に編集されるなど、ねつ造されていたことが後で明らかになった。

その後も、原電工事が請け負った、使用済み燃料の輸送容器のデータの改ざんが明るみに出た。この会社は、東海発電所を持つ日本原子力発電株式会社の子会社である。イギリスの核燃会社が請け負った関西電力高浜原発用のMOX燃料で、ペレットの寸法の検査データに偽造があることが明るみに出ている。

JCO事故でも、裏マニュアルの存在が明らかになるなど、企業ぐるみで法律違反が行なわれていた実態が明らかになっていった。このように隠ぺい・ねつ造・改ざんは、すっかり原子力自体の体質になってしまった。

福島事故でも記者会見での発表が二転三転したり、都合の悪いデータを隠すなど、東京電力という企業の隠蔽体質がそこかしこに現れ、市民はもちろん、外国の政府やジャーナリズムは、東電をすっかり信用しなくなってしまった。

無視される安全教育

小さな事故を大きな事故につなげない。そのためには小さな事故そのものをなくしていくしかない。それが安全教育の基本である。しかし、そのような教育は、原子力とは無縁のようである。

それを典型的に示したのが、一九九五年一二月八日に起きた高速増殖炉もんじゅ事故である。中央制御室のパネルで警報が鳴り、同時に火災報知器が作動した。さらにナトリウム漏れが起きたという警報が鳴った。制御室当直長の指示で運転員が配管室を覗き、煙の発生を確認したが、小規模な漏れと判断して運転が続行された結果、事故は悪化の一途をたどったのである。この事故では、判断ミスが、事態の悪化を招いた。小さな事故の段階で止めるように、常日頃から運転員に徹底されていれば、最初の警報で停止したはずだった。原発では、わずかな判断ミスや決断の遅れが大きな事故に直結する。日頃から安全に対する意識のもち方が大切である。それを徹底させるのが安全教育の役割である。ＪＣＯでも、安全教育がまったく行なわれてこなかったことがあきらかになった。それが事態の悪化につながっていった。

また、事故が起きる前には、かならず予兆がある。そのサインを的確に判断して停止すれば、事故には至らない。一九九一年二月九日、福井県美浜町にある関西電力美浜原子力発電所2号機で、蒸気発生器の細管（伝熱管）に破断が起き、一次冷却水が流れ出て、ＥＣＣＳ（緊急炉心冷却装置）が作動するという事故が発生した。この時がそうだった。

一九八九年一月六日、福島第二原発3号機で再循環ポンプが破損し、炉心に大量の金属片が流入し、炉心を傷つけるという事故が発生した。この事故にも予兆があった。一月一日の時点で、すでに異常な振動が発生し、危険を知らせる警報が鳴っていた。出力を下げたため振動は警報値には達しなくなったが、それでも異常な振動はつづいた。もし最初の警報の段階で運転を停止しておけば、大量の金属片が生じることもなく、炉心を傷つけるという事態だけは避けることができたのである。

予兆をどのように考えるか。今回の事故の最大の予兆は、新潟中越地震がもたらした柏崎原発事故だった。この時よりも、さらに大きな揺れや津波が起きたらどうなるか、まともな感覚をもっていたら、そう考え、対策を講じたはずである。

多重防護という名の傲慢

万全なはずの安全設計をかいくぐって事故は起きてきた。

原子力施設では、間違っても事故が起きないように設計されていることになっている、と

コントロール・ルーム

電力会社は言い続けてきた。多重防護設計と呼ばれているものである。ところが、事故というのは、その仕組みをかいくぐって起きつづけてきた。

　たった一本のローソクが、多重設計を突き破った例が、米ブラウンズ・フェリー原発事故である。安全設計の要に位置するのがコンピュータである。そのコンピュータがまったく役に立たなかったのが、米スリーマイル島原発事故である。電気系統がきちんと維持されていないと、原子炉は管理できないことを示した事故だった。

　今回の福島でも、停電がすべての機能を奪ってしまった。多重防護は何の役にも立たなかった。発電所のアキレス腱が、電気であるという、何とも皮肉な事態を明らかにした。

自然界を相手にした際、完璧はあり得ない。人間や人工的な創造物は、自然の前にいかに無力であるか、そのような事例は枚挙にいとまがない。しかし、いつのまにか人間は自然を支配できるという傲慢さを身に着けてしまった。科学技術の発展が、人間に無限の欲望を満たしてくれるような錯覚をもたらしてきた。今回の津波の威力は「想定外」であり、それが事故をもたらした、と政府も東京電力も説明してきた。「想定外」という言葉が独り歩きしてきた。そこには、自然を支配できるという思い込みに似た傲慢さがみられる。自然を相手とした時、想定外はあり得ない。自然はいつも人間の想像力を上回る災害や現象を引き起こしてきたからである。

被害はいつも市民に

事故が起きた際に、いつも犠牲を強いられるのが市民である。スリーマイル島原発事故では、放射性物質の大半は事故直後の三月二八日～三〇日の間に放出されていたと見られる。だが、ソーンバーク州知事によって、半径五マイルの周辺住民に退避命令が下されるのが、事故から二日半たった三月三〇日午前一一時過ぎだった。事故の深刻さを隠したため、結果として避難が遅れてしまった。人々は放射能に汚染された後、パニック状態になって避難したのである。

チェルノブイリ原発事故でも、避難は決定的な遅れを見せた。事故が起きた四月二六日、すべてが日常通り行なわれていた。学校では授業が行なわれ、人々は仕事や散歩に出かけるなど、放射能にすっかり汚染されてしまった。周辺住民の避難が始まったのは、翌二七日午後二時であった。その結果、多くの子どもたちが甲状腺がんになるなど、被害を拡大させてしまったのである。

ＪＣＯ事故でも、政府の対応の遅さ、地元自治体との連携の悪さが問題になった。市民への連絡が遅れた。そのため市民を含む多くの人が被曝した。スリーマイル島原発事故やチェルノブイリ原発事故、ＪＣＯ事故などで、緊急避難に関して、大きな教訓を得たはずである。緊急避難ができない地域では、原子力施設はつくってはいけない。もし、周辺に住民がいる施設で事故が起きたときは、まず住民に知らせる。風の向きを見てなるべく遠くに逃げるようにする。これが避難の鉄則である。政府は、事故の規模や汚染の広がりを少なく見せることに腐心した結果、避難区域を狭め、避難指示を遅らせた。スリーマイル島やチェルノブイリの教訓が生かされることはなかった。

住民への情報提供は最後になり、事故の規模を過小評価して伝え、パニック発生を避け、秩序維持を優先した結果が、住民の被曝である、そういった事態が繰り返し起きている。今回も、東京電力・政府・御用学者が一体となって、パニックを抑えるために事故の規模や放射能汚染について過小評価を繰り返し、避難地域を限定してしまい、市民の被曝を増やしてしまい、かえって市民の不信を増幅してしまった。これまでも風評被害は、情報を隠すことで起きてきたが、今回もそのことが繰り返されてしまった。

事故の過小宣伝と早過ぎる安全宣言

ＪＣＯ事故では、早々と安全宣言が出された。小渕首相（当時）が現場でメロンや刺身を食べるパフォーマンスを行なっている。チェルノブイリ原発事故の際にも、放射能の雲は、北半球の国々を汚染し、遠く離れた日本にもすぐやってきた。五月二日の雨水からヨウ素131が検出されたのをきっかけに、水道水や母乳からも検出された。日本政府は、ヨウ素131の汚染が一段落すると、早々と「安全宣言」を出して、放射能対策本部を事実上店じまいさせてしまった。汚染の主役がヨウ素からセシウムに移行しつつある時期にである。

このような早過ぎた安全宣言も繰り返されてきた。

一九八一年四月一日に日本原子力発電敦賀原発で、同年一月に二回も給水加熱器のひび割れ事故があり、秘密裏に修理していたことが発覚した。緊急立ち入り調査が行なわれ、事故隠しの実態が暴かれ、一件落着と思われた。ところが直後の四月一八日、緊急の記者会見が

核燃料輸送ルート

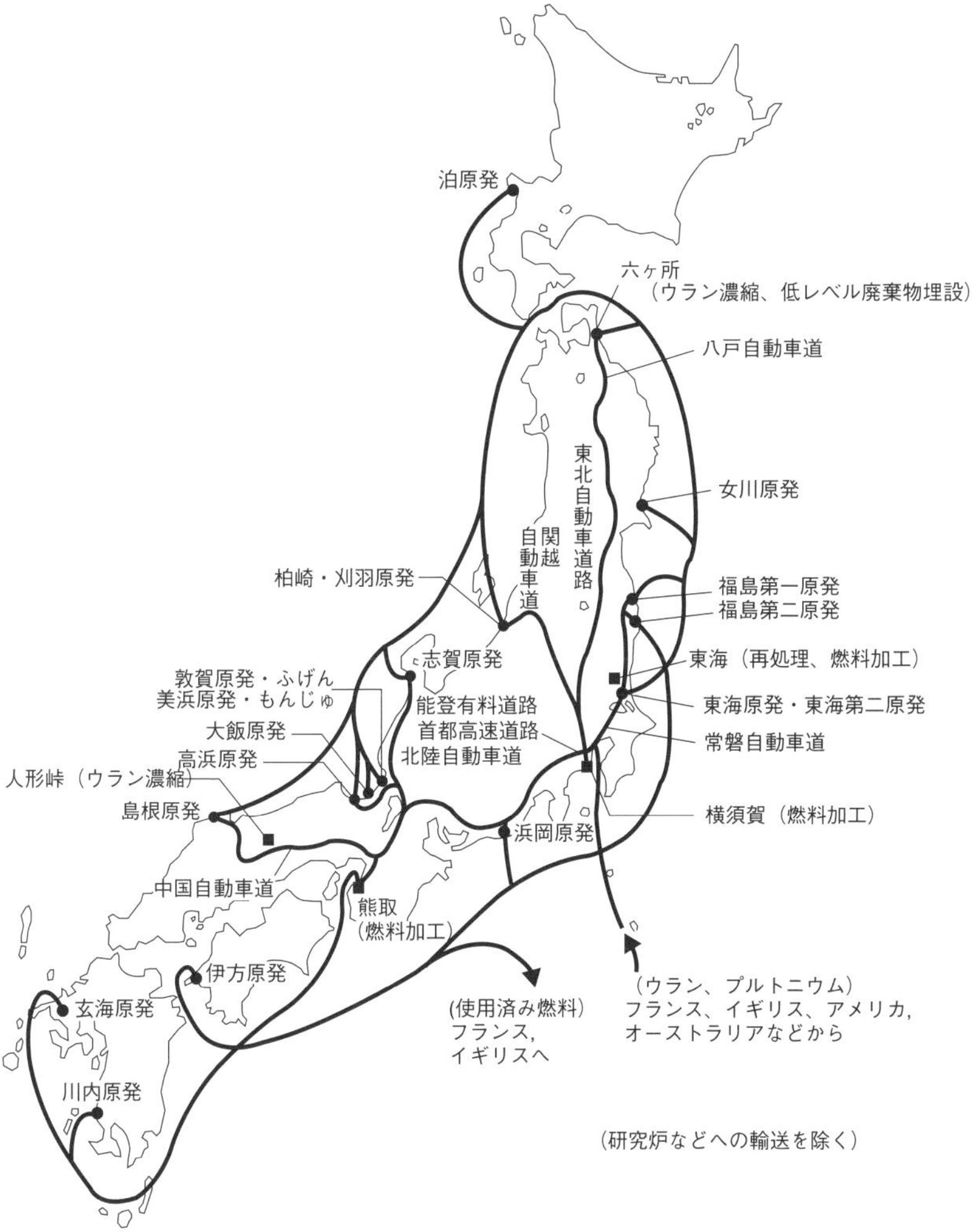
泊原発
六ヶ所
（ウラン濃縮、低レベル廃棄物埋設）
八戸自動車道
東北自動車道路
関越自動車道
女川原発
柏崎・刈羽原発
福島第一原発
福島第二原発
志賀原発
東海（再処理、燃料加工）
敦賀原発・ふげん
美浜原発・もんじゅ
能登有料道路
東海原発・東海第二原発
大飯原発
首都高速道路
常磐自動車道
高浜原発
北陸自動車道
人形峠（ウラン濃縮）
島根原発
横須賀（燃料加工）
浜岡原発
中国自動車道
熊取
（燃料加工）
伊方原発
玄海原発
(使用済み燃料)
フランス,
イギリスへ
（ウラン、プルトニウム）
フランス、イギリス、アメリカ,
オーストラリアなどから
川内原発
(研究炉などへの輸送を除く)

行なわれ、同じ敦賀原発で、約一カ月前の三月七日に、大量の放射性廃液を海に流していたことが発表された。

波紋は大きかった。周辺でとれる魚の価格は暴落し、漁民に打撃をもたらした。海水浴客も激減した。この時も政府は、汚染の状況を無視して早々と「安全宣言」を出すことで事態の収拾をはかったのである。

今回の福島事故による大気汚染、水汚染、食品汚染についても、日本政府は、なるべく汚染規模を小さく見せることばかり腐心してきた。また「影響ない、問題ない、安全です」を繰り返してきた。いつ幕引きを行なうか、それを狙った発言ばかりが目立った。いわば最初から「安全宣言」が乱発されてきた、といえる。

事故は時間と場所を選ばない

事故は場所と時間を選ばない。いつでも、どこでも起き得る。原子力事故は、原発や再処理工場だけで起きるわけではない。何時でもどこでも起きる。日本列島には、原発、核燃料施設、再処理施設、廃棄物施設が所狭しとひしめきあっている。輸送ルートまでいれれば、放射能汚染事故の危険性のない所は、ほとんどないといえる。

チェルノブイリ原発事故では、消防隊の文字通り死をかけた必死の活動で、やっと火を消すことができた。

その後も、多くの作業員の犠牲の上に放射能を封じ込める「石棺」づくりが進められた。ＪＣＯの事故も、企業戦士が突撃隊をくみ、間一髪最悪の事態を免れている。改めて事故への対応の難しさを浮き彫りさせた。

終わらせるのが難しい原子力事故。しかも場所と時間を選ばない。移動の際の事故もある。日本中を核燃料や、使用済み燃料が行き来している。交通事故のような日常的に頻発している事故に遭遇すれば、放射能汚染が想定できない時間に、想定できない場所で起きる可能性がある。

原発立地地点、核燃料関連施設、軍事基地、そして輸送ルートと見ていくと、日本全国どこでも、核汚染事故に被災する可能性がある。原子力の終焉がない限り、福島事故は、形を変えて、またどこかで起きることになる。

第7章　福島の核惨事と放射能汚染

放射能がもつ性質とは

福島第一原子力発電所で起きた大規模な事故は、容赦なく「死の灰」をまき散らし、周辺地域はもちろん、日本列島の広範囲な地域で、作物も、水も、そして空気も、私たちにとって生きていく上でなくてはならないすべてを汚染した。この間、政府、東電、そしてマスメディアに登場する専門家は、情報を独占し、供給し続けた。大量に放射能が放出された時ですら「大丈夫、安全、問題ない」といい、その言葉を繰り返す内に、事態は一歩一歩深刻さを増し、汚染は拡大していった。いったい何が問題なのか、今どうなっているのか、多くの市民が正確な情報を得られないまま、右往左往し、とくに飲料水や野菜や魚を汚染し始めたことで、より憂慮せざるを得ない状況に直面したのである。

何が問題なのか。「死の灰」という名は、生命体というものが放射性物質が出しつづける放射線に対して致命的な弱さを抱えているため、そう名づけられたのである。その死の灰は、ウラン235やプルトニウム239の核分裂によって生じるものである。分裂の仕方が多様であることから、死の灰に含まれる放射能の種類も数百種類を超える。その中で影響が長いもの、事故の際に放出される量が多いものが問題になってくる。その代表的な放射能として、ストロンチウム90、セシウム137、コバルト60、ヨウ素131、クリプトン85などがある。当初は、揮発性で大量に放出されるヨウ素とセシウムが問題となるが、本来、排出されるすべての放射性物質が問題になってくるはずである。

放射能には次の四つの特徴がある。

第一は、人間の五感には感じないということ。放射能汚染が起きると見えざる恐怖が広がるのは、これが理由である。

第二は、煮ても焼いてもその毒性を減らすことはできないことである。

第三は、時間の経過とともにその毒性の強さが減っていくことである。その強さが半分になる時間を半減期という。逆にいうと、時間の経過だけが毒性を減らす唯一の方法ということになる。もっと細かくは、物理的半減期という。その半減期は意外と長く、ストロンチウム90は二八年、セシウム137は三〇年、コバルト60は五・二六年、ヨウ素131は八日である。とくに長い上に毒性が強く問題なのがプルトニウム239で、二万四四〇〇年である。放射能の強さは、なかなか減ってくれない。

第四は、放射能は化学的性質が似た物質と同じような動き方をするため、いったん体に取り込むとなかなか出てくれない。ストロンチウムは、カルシウムと似た動きをするため、骨に取り込まれ骨髄細胞に影響して、白血病などの原因となる。セシウム137は、ナトリウムやカリウムと化学的性質が似ているため全身に広がり、生殖細胞を攻撃するため遺伝的影響をもたらす。ヨウ素131は、ヨードと似ているため甲状腺に集まり、甲状腺障害や腫瘍を引き起こす。事故で最初に大量に放出されるヨウ素は、甲状腺に集まるため、特に発達段階にある乳幼児や子どもたちに大きな影響をもたらす。

環境中の放射能汚染に関して、よく自然界にある放射線と比べて、「たいしたことはない」などと毒性が評価されることがある。今回も、テレビなどに登場する専門家がさかんに述べていた。それは詭弁でしかない。自然界にある放射線からは通常、私たちは年間で一ミリシーベルト程度被曝する。この被曝も危険であり、体に悪影響をもたらすが、私たちはそれを防ぐすべを持たないのである。原発がもたらす放射能汚染は、さらにそれに上乗せして悪影響をもたらすことになるからである。しかも、体の中に入り込まれるとなかなか体外に排出されないため、影響が大幅に増幅される。

体の中に入った放射能が半分になる時間を、生物学的半減期という。それと物理的半減期を組み合わせたものが、有効半減期である。その有効半減期は、ストロンチウム90は一八年、セシウム137は七〇日、コバルト60は九・五日、ヨウ素131は七・六日、プルトニウム239は一九八年である。セシウムの場合、一見、七〇日と短そうだが、半分になる時間であり、一四〇日たっても四分の一になるにすぎない（表1）。

問題は有効半減期が長いストロンチウムとプルトニウムの汚染が、これから大きな問題に

表１　半減期

	物理的半減期	臓器	生物学的半減期	有効半減期
コバルト60	5.26年	全身	9.5日	9.5日
ストロンチウム90	28年	骨	50年	18年
ヨウ素131	8.0日	甲状腺	138日	7.6日
セシウム137	30年	全身	70日	70日
プルトニウム239	24400年	骨	200年	198年

なってくることである。チェルノブイリ原発事故では、両者の高濃度汚染地域は、ヨウ素やセシウムなどに比べて限定されていた。それはヨウ素やセシウムのように揮発性ではなく、粒子状だからである。しかし、遠方でも薄くではあるが、広がっていた。特に問題となったのが、微粒子（ホットパーティクル）が飛散していたことである。後で述べるように、プルトニウムの場合、わずかな微粒子が肺癌を引き起こすからである。

放射線とは

放射能は、放射線を出し続けながら変化し、能力を減らしていく。その強さが半分になる期間が半減期である。放射線には、アルファ線、ベータ線、ガンマ線があり、それぞれ異なる性質を持っている。アルファ線は、紙一枚で止まるほど透過力が弱く、その実体はヘリウムの原子核である。ベータ線は、金属や木材などで止めることができる程度の強さで、実体は電子である。ガンマ線は、コンクリートも透過し、やっと厚い鉛によって止めることができるほど透過力は強い、実体は電磁波である。

アルファ線は、紙一枚で止まるため、影響は弱いかというと、そういうわけではない。その一つの例が、プルトニウムである。プルトニウムは微粒粉塵となって浮遊し、肺に取り込まれやすく、いったん取り込まれるとなかなか出ていかず、アルファ線を出し、至近距離にある周囲の細胞にダメージを与え続け、ほんのわずかでも取り込まれると肺癌を引き起こすからである。

これらの放射線が持つ有害な作用が「電離作用」である。電離作用とは、放射線が細胞を通過したとき、原子核の周囲を回っている電子を引き離してしまう働きのことで、これによって細胞を傷つけてしまう。私たちの体は、約六〇兆もの細胞から成り立っているが、その細胞は原子が集合したものである。その原子は、原子核の周りを電子が回っている構造をしているが、その電子が引きはがされると原子は不安定になり遺伝子や細胞を傷つける。また、はじき出された電子も遺伝子や細胞を傷つける。たとえば、遺伝子の本体のＤＮＡは高分子構造をしているが、分子は原子の集合体であり、その原子が不安定になることで遺伝子の役割に変化を起こしてしまう。また、電子が遺伝子を傷つけてしまう。

放射線が、急性放射線障害だけでなく、癌や白血病、遺伝障害などの晩発性障害をもたらすのは、この電離作用によるものである。

本当に怖いのは晩発性障害

原発事故について、さまざまな報道が行なわれているが、そのほとんどでレントゲン撮影などの被曝線量と比べて「この程度では問題ない」という見解が添えられている。しかし、それは「急性放射線障害」での評価に基づいたものである。急性放射線障害も恐いものである。その恐さは、ＪＯＣの事故で見た通りである。しかし、もっと恐いのが「晩発性放射線障害」である。

癌や白血病、遺伝障害

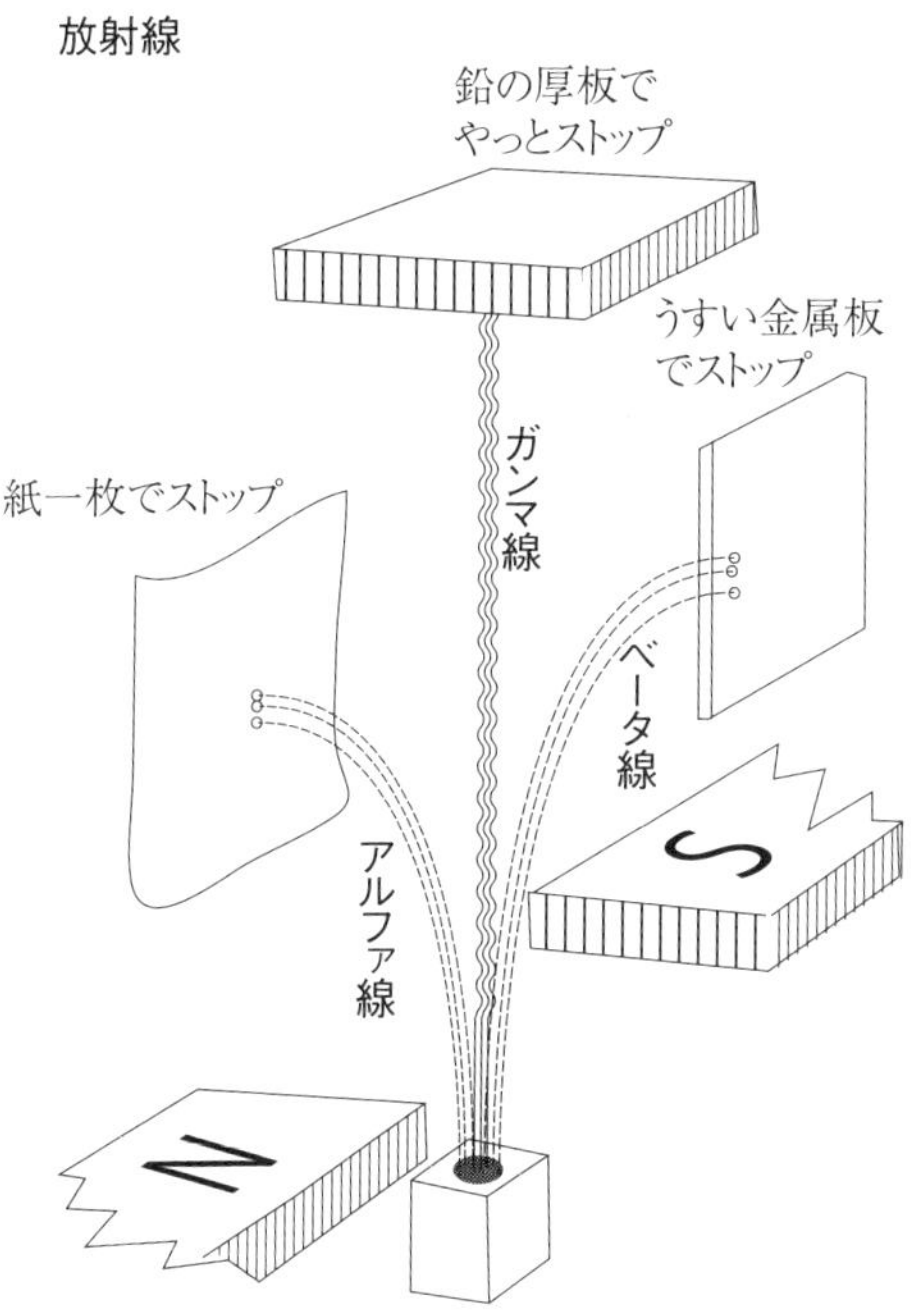

などの晩発性障害に関しては、これ以下なら安全だという閾値がないというのは、科学的に確立した見方であり、放射線に被曝をすれば、その被曝に応じてリスクは高くなっていく。

とくに問題なのが食べものや水などとともに体内に持ち込まれて起きる内部被曝である。また小さい子ども、赤ちゃん、おなかの中の赤ちゃんなどに対する影響はより大きくなる。全米科学アカデミーが発表した晩発性障害の倍加線量（二倍に増える被曝線量）は、白血病の場合、胎児期では二〇ミリシーベルト、小児期では二〇〇ミリシーベルト、成人期では五〇〇ミリシーベルトであり、胎児は成人の二五分の一で、同等の影響を受けることになる。食品と水道水の汚染は、大変なリスクを国民にもたらしつつあり、とくに赤ちゃん、子どもたちを直撃しているといえる。

また、今回のように首都圏を含む人口密集地を汚染した場合、その影響は劇的に増加する。というのも、発癌リスクなど晩発性障害の起きる予測数は、人口と被曝線量を掛け合わせた集団被曝線量により導き出されるからである。たとえば、三〇〇〇万人の人が〇・一シーベルト（一〇〇ミリシーベルト）被曝したとすると、三〇〇万人・シーベルトとなるが、それは三〇〇万人の人が一シーベルト被曝したのと同等になる。弱い被曝でも、人口が多くなるとリスクが大きくなることを意味する。チェルノブイリ事故のケースでは、北半球での集団被曝線量は、国際放射線影響科学委員会（UNSCEAR）によって六〇万人・シーベルトと推

表２　被曝によるがんの死者の予測

評価者	集団被曝線量 （１万人・シーベルト）
国際放射線影響科学委員会（1977 年）	100 人
全米科学アカデミー（BEIR3）（1980 年）	500 人 （被曝後 11 ～ 30 年に限定）
J. ゴフマン「放射線と健康」（1981 年）	3333 人～ 4255 人
R. バーテル「放射能毒性事典」（1984 年）	549 ～ 1648 人 369 ～ 823 人 （被曝後 11 ～ 30 年に限定）

定されている。この数字に基づいて計算すると、癌の増加数は六〇〇〇人から二五万人強となる。この数字は、癌になる人ではなく、癌による死者の増加数である（表2）。しかも、この数字自体過小評価されたものであることは、チェルノブイリ原発事故の際に触れたところである。

福島原発から放出される放射性物質の総量は、まだ予測すらつかない。最終的にはチェルノブイリ原発事故をかなり上回る可能性が強まっている。しかも、これからは食物連鎖を通して、さまざまな生命の芽を摘み、やがて人間に戻ってくる。例えば、魚やその魚を食べる鳥たちへと影響は広がり、その鳥を食べる野生生物へとさらに拡がる。そして最終的にはさまざまな食品を通して摂取することになる。かつて米国で、核開発に伴う再処理施設から排出された放射性物質で汚染した湖で調査したところ、水中のセシウムの汚染濃度は、魚の肉の中では一〇〇〇倍に濃縮されていた。また、ストロンチウム90は、魚の骨の中で二〇〇〇倍に濃縮されていた。また原子炉の冷却水を流す河川でも調査されたが、プランクトンでは水中濃度の二〇〇〇倍、カモの卵黄では四万倍、ツバメの体内では七万五〇〇〇倍もの放射能が検出されている。生態系を通して、生物濃縮が起き、食物連鎖の上位にいる生物ほど汚染が起きることは、水俣病など、他の公害病の経験からも示されているが、福島原発から放出された放射能がどれほどのものになるか、見当もつかないのが現状である。

福島原発から排出された放射性物質は、その多くが海に排出されている。今後、海の生物への影響が明らかになっていくことになる。放射能汚染は、ありとあらゆる生命に影響し、生物多様性に致命的なダメージを与え、巡り巡って人間に戻ってくる。

家畜の奇形から始まった

前にも述べたが、スリーマイル島事故でも、チェルノブイリ事故でも、住民が気づいた最初の異常は、家畜の赤ちゃんの奇形の増加であった。次にやってきたのは、子どもの甲状腺の異常や感染症の増加であった。意外と知られていないことだが、放射線被曝は、感染症などの「他の病気」を増加させる。原爆の被爆者のデータを調査した英国の疫学者アリス・スチュアートは、被爆と感染症増加の相関関係を見いだしているが、それはチェルノブイリ事故がもたらした汚染でも見られた。その後からやってきたのが唇・口腔癌と慢性疾患の悪化、手術後の快復困難であり、同時に、放射線恐怖症と名づけられた「心の病」だった。

今回、大変懸念されるのは「心の病」である。震災という極めて過酷な条件と重なったため、ただでさえ「心の病」が広がりやすいところに、放射線恐怖症が積み重なる可能性があるからだ。また、長引く避難所生活や住み慣れた土地を離れて暮らさなければならないなど、悪条件が重なっている。

さらに今回の福島の核惨事で懸念されるのが、プルトニウムによる健康障害の増加である。通常、一〇〇万キロワット級軽水炉を一年間運転すると、約三〇〇キログラムのプルトニウムが燃料棒の中でつくられる。今回はさらに、３号機でプルサーマルが実施され、ウランとプルトニウムを混ぜたＭＯＸ燃料が用いられている。このプルトニウムは、あらゆる物質の中で最も強いといわれる毒性をもっている。直径一ミクロン前後の微粒粉塵となって空中を漂いやすく、わずかでも吸入すると肺癌を引き起こす危険性が高くなる。

放射線

放射能の単位については、それを出す側の強さと、受ける側の影響の強さに関する単位がある。現在は、出す側についてはベクレル、受ける側についてはシーベルトが、主に用いられている。

放射性物質は、放射線を出しながら力を弱め自らを変化させていく。原子核は不安定な状態になっており、放射線を出して安定しようとする。それを「崩壊」という。その不安定な原子核が一秒間に一個崩壊することを一ベクレルという。三〇〇ベクレルは、一秒間に三〇〇個原子核が崩壊して多数の放射線を出すことを意味する。放射線ではなく、放射線を出す原子核を基本とした単位であり、放射性物質の量を表している。よく一kg当たり何々ベクレルと表される。それは、一kg当たりそれだけの放射性物質が含まれているということを意味する。

放射能の強さを示す単位には、一秒間にどれほどの放射線を出すか、で見る単位もある。それが「cpm」というもので、ベクレルの代替で用いられることがある。これは、一分間に放出される放射線の数をカウントしたものである。

受ける側の影響に関しては、現在の単位は、エネルギーを受ける強さを基本にして、それによって電離作用の影響の大きさを見ている。人体がどれほどエネルギーを受け、吸収するかという単位である。

エネルギーを一キログラムあたり一ジュール吸収する際の単位が一グレイと呼ばれるものである。一ジュールとは、一気圧、二〇度という条件の下、水温を約〇・二四度上昇させるエネルギーの基本単位である。シーベルトは、このグレイを基本にして、修正を加えている。

放射線にはアルファ線、ベータ線、ガンマ線があり、それぞれ性質が異なるため、それを考慮して修正する。さらに受ける臓器や組織によって影響が異なることから、それを考慮して修正する。その修正した値が「シーベルト」となる。

具体的には、グレイの数値にガンマ線やベータ線は係数一、アルファ線は係数二〇を掛ける。組織や臓器では、骨髄は〇・一二、甲状腺は〇・〇五といったように係数を掛け、シーベルトの数値が出てくる。これが実効線量と呼ばれるものである。

この被曝に関して、被曝労働者は線量計をつけて働いており、その累積が一定量に達すると現場から出ることが求められることになっている。しかし、事故のような非常時では、この数値がどんどん緩和されており、健康被害が懸念される。市民の場合は、労働者の一〇分の一ということで設定されている。

また、一時間や一日、一年といった単位で、その累積線量は評価される。「一マイクロシーベルト／時」といった形で示される。一時間の評価は、これに二を掛ける。二〇ミリシーベルト／年というと、一年間の累積被曝線量が二〇ミリシーベルトに達することを意味する。

現在、各自治体などが放射線量を測定している。しかし、それは大気中の空間線量に基づく外部被曝の累積を示しているにすぎない。市民の被曝は、呼吸や食品、水などで体内に入った放射性物質によっても被曝を受ける。しかも、その方が影響が大きい。体内に入り込んだ放射性物質は、なかなか外に出てくれないからだ。ストロンチウムなどは、一生出てくれないし、骨に沈着してそこで放射線を出し続けるため、骨髄細胞を破壊して白血病などを起こしやすくする。市民は、さまざまな形で被曝するにもかかわらず、その実態は分からないし、評価もされていない。

しかも、放射線被曝の影響は、次々と評価が下げられてきた。以前は、「レム」という単位が用いられていた。それがシーベルトに変更されたのは一九八九年で、チェルノブイリ原発事故がきっかけだった。この変更が問題だった。チェルノブイリ事故のところで述べたが、チェルノブイリ事故で汚染された輸入食品が次々と入ってくるようになったため、政府は、それを規制するための暫定限度として、三七〇ベクレル／kgという数字を打ち出し、監視を強めた。

その根拠を当時、厚生省は次のように述べていた。日本人の食卓に登場する輸入食品は、平均的な食事で三分の一を占めている。その三分の一の輸入食品に三七〇ベクレル／kgが含まれているとする。それを一年間食べ続けると、一七〇ミリレム（一・七ミリシーベルト）になる。日本人の一般人の被曝許容限度は五〇〇ミリレム（五ミリシーベルト）であるので、その三分の一となる、というものだった。

ところが現在はどのように言っているかというと、日本人の平均的な食事（自給率四〇％）

で、輸入食品のすべてに三七〇ベクレル／kgが含まれているとする。それを一年間食べ続けたとしても、〇・〇四ミリシーベルトにしかならないとしているのである。自給率が減少し汚染食品を多く食べたとしても、一〇〇分の一程度に影響は少なくなったのである。これはＩＣＲＰ（国際放射線防護委員会）が設定した換算式に基づいたものである。ＩＣＲＰによって、数字が意図的に引き下げられたのである。

このように原発が事故によって、それまで考えられていたより、はるかにひどい被曝を強いられることが明らかになり、大幅な修正が行なわれてきたのである。次に、その経緯を見ていくことにしよう。

放射線と防護基準の歴史

なぜ東京電力や原子力保安院、テレビなどマスコミに登場する学者たちは、「この程度なら大丈夫、安全、問題ない」と繰り返したのだろうか。その理由を、放射線防護の歴史から探ってみよう。

放射線防護の歴史は、当初は原爆・水爆という軍事利用により、後には原発という商業利用の拡大によって、経済の論理が前面にでることで、科学的評価が捻じ曲げられてきた歩みだったといえる。安全性よりも推進する側の都合で作られてきた歴史といってもよい。

第二次世界大戦前に設定された放射線防護の基準は、〇・一レントゲン／日だった。これは一日七時間、週五日労働を基本とした「職業人」を対象とした数値である。〇・一レントゲンというと三七億ベクレルとなり、今から考えるとけた違いに大きな数値である。この基準が原爆開発のマンハッタン計画の際にも適用された。この防護基準が、事実上、基準作りの出発点になった。

放射線被曝の考え方を大きく変えたのが、広島・長崎への原爆投下だった。この悲劇は、米国の研究者にとっては、放射線の人体への影響を探る上で、垂涎の対象となったのである。同時に、放射線被曝がもたらす潜在的影響の大きさを示すものでもあった。影響が大きかったため、それを正確にかつ詳細に伝えることは、原子力推進の足かせになることを意味した。その後、この原爆による影響評価は、政治的な圧力の前に、絶えず過小評価と隠蔽が繰り返されていくのである。

放射線被曝について、原子力を推進している人たちが導入したがっていたのが、「これ以下なら安全」という許容線量（耐容線量）の考え方だった。この考え方を導入しないと、原発開発はスムーズに進まないと考えたからである。

一九五〇年に放射線防護に関する考え方をまとめる機関としてＩＣＲＰ（国際放射線防護委員会）が設立され、その年に最初の勧告が出された。その後、このＩＣＲＰの勧告を基に、各国の基準や規制も構築されてきた。しかし、もともとこのＩＣＲＰ自体は、マンハッタン計画にかかわった科学者が中心になって作った国際組織であり、米国主導の原子力開発推進の立場を色濃く持ったものだった。

このＩＣＲＰで、当初から問題となり、論争となってきたのが、市民の被曝をどう考えるかという点と、遺伝障害、癌・白血病といった晩発性障害での許容線量の考え方だった。前者に関しては、それまでの放射線防護の基準は「職業人」を対象としたものであり、市民を対象には考えていなかったからである。晩発性障害では、被曝線量に応じてリスクが高くなることは、科学的に確立された考え方となっていったが、現在に至るまで絶え間なく一定量以下ではリスクはないという考え方が出され、対立が続いてきた。

この一九五〇年の最初の勧告は、まだ職業人だけの被曝線量限度、年間一五レム（一五〇ミリシーベルト）、一週間〇・三レム（三ミリシーベルト）という数字しか出されなかった。ただこの時に、集団被曝線量（人・レム）という概念が初めて登場した。放射線の被曝と人口とを掛け合わせて、発癌などのリスクを導き出す考え方である。この場合、人口密集地帯で起きる被曝と過疎地域で起きる被曝では、リスクが異なり、前者が圧倒的に影響が大きくなる。

この集団被曝線量をめぐっては、後にどの程度被曝したのか、癌や白血病による死者の発生の割合はどうかなど、絶えず論争の火種となってきた。とくにチェルノブイリ事故をめぐって論争が起き、原子力推進派によって、恣意的に評価の引き下げが行なわれるといった問題も発生している。

次に出された「一九五八年勧告」で、初めて市民の放射線防護基準が設定され、職業人の一〇分の一とされ、職業人年間五レム（五〇ミリシーベルト）、一般人年間〇・五レム（五ミリシーベルト）という基準が出される。この勧告の際に採用された考え方が、「リスク・ベネフィットの考え方」だった。

リスク・ベネフィットの考え方とは、たとえば「レントゲン撮影で受けるリスクと、それによって病気が分かるベネフィットを秤にかけて」防護基準を設定する、という考え方だった。

では、許容量とはいったいどんな考え方のものなのだろうか。原子力問題で早くから警告を発し続けていた物理学者の武谷三男さんは、許容量は我慢量である、と述べている。すでに述べたように、晩発性放射線障害においては、これ以下なら安全だという閾値は存在しない。そのため利益と危険性のバランスの上に設定される数値だというのである。しかし、原発が増えることで、この考え方について見直しの雰囲気が醸成されていくのである。

原子力発電によって得られる利益とは、いったいなんだろうか。もっとも利益を得ているのは、電力会社である。福島で言えば、東京電力である。一般市民は原子力発電を望んでいるわけではない。電気を望んでいるのである。その利益を上げている集団、電力会社がもっとも放射線による危険を負うのであれば、許容量は成り立つ。しかし、危険を負わされているのは市民である。しかも地元の人たちは、東京電力から電気を購入しているわけではない。さらに危険を無差別に、広範に負わされているのである。ここでは、利益を得るものと危険を負うものとが食い違うため、許容量の考え方は成り立たない。

このように原発においては、許容量の考え方は利益を得るものの一方的な考え方である、としか言いようがない。許容量とは、これ以下なら安全だという数値ではなく、メリットがある場合に成り立つがまん量である。原発が増えたことで、見直しが求められるようになった。この見直しの雰囲気が、「リスク・ベネフィット」に代わる、新たな考え方を導入することになる。

アララの理論の登場

そこで次に登場したのが、現在も使われている「アララ（ALARA）の理論」と呼ばれる考え方である。この原則は、ＩＣＲＰによる一九七七年の勧告の際に採用された。アララとは「As Low as Reasonably Achievable」のそれぞれの単語の頭文字を組み合わせたものである。「合理的に達成可能な限り、低く押さえるべきである」という考え方である。「合理的に達成可能な限り」というところに比重が置かれた。

この考え方は、一九六〇年代からすでに、さまざまな方面で用いられていた、経済性を重視した考え方である。それが放射線防護基準にも適用されたのである。

原発が増えたこと、さらに原発を推進するために導入された。あまり厳しい基準を設定すると、建設や運転などのコストが上昇して、成り立たなくなってしまう。そのため経済性が成り立つ範囲で設定すべきである、というのである。

この理論を導入するに当たって、「リスク論」が大手を振ってまかり通るようになった。リスク論でよく取り上げられるのは、交通事故との比較である。たとえば、食の安全問題でもＢＳＥ（狂牛病）のようなケースで用いられた。「牛肉を食べたことで感染して死ぬ人はきわめて少ない。それに比べて交通事故で死ぬ人は一万人に達する。交通事故対策に比べて、ＢＳＥ対策にかける費用は大きすぎる。過剰な対策は、コストアップにつながり、その産業の低迷につながる」というのである。

この理論は、急性障害に対しては適用できるかもしれないが、晩発性障害に対しては本来無効であるはずだ。とくに、すぐには現れないが、やがて癌などの多発や遺伝障害などでじわじわと広がっていく「潜行拡大型」と呼ばれる放射能や化学物質などの影響に対しては、無効であるはずだ。しかし、その理論が強引にこの世界に導入されたのである。

このアララの理論によって、初めて明瞭に、放射線防護基準が人々の健康を考えたものではなく、原発の推進を前提に、その上で、経済に影響を及ぼさない範囲で可能な限り低く設定する、という考え方に変えられたのである。

許容線量から実効線量当量へ

この考え方の変更に伴い、さまざまな変更が行なわれた。まず許容線量という考え方から実効線量当量という考え方に変更された。これは従来の許容線量とは根本的に異なるものである。この考え方の導入は、「もっとも影響を受けやすい臓器や組織」を対象として被曝限度を設定してきた従来の方式からの転換を意味した。たとえばストロンチウムは、骨に集まり、そこにとどまり放射線を出し続け、骨髄細胞を破壊して白血病を引き起こしやすい。そのため、骨髄細胞への影響で被曝限度が設定されていた。しかし実効線量当量では、そのような特定の臓器や組織を対象にするのではなく、各臓器や組織への影響の総和という形で、モデル化して計算上の被曝限度を設定する方式に変更させたのである。

この計算方式では、恣意的に数値が設定される可能性が強く、結果的に被曝限度の大幅緩和をもたらした。たとえば、ストロンチウム90では、一〇〇〇ベクレル／kgの放射能を取り込んだとき、従来の方式では四四・四ミリレム（四四四マイクロシーベルト）と評価していたが、実効線量当量では、三・八五ミリレム（三八・五マイクロシーベルト）となり、実に一〇分の一以下の評価になってしまった。

この実効線量当量は、後に一九九〇年勧告で等価線量と実効線量に名前が変わるが、考え方は同じである。等価線量は臓器・組織ごとに評価し、実効線量で、等価線量を合わせた全身の評価を行なうというものである。この際にも、さらに被曝の評価が大幅に引き下げられた。

ICPR一九七七年勧告では、さらには被曝労働者に対して、それまで年とか週といった一定期間で示されていた被曝限度が、「計画被曝」という名の下に、一度に一〇レム（一〇〇ミリシーベルト）まで被曝が容認されるようになった。作業員の健康は、著しく軽視されるようになった。この計画被曝はさらに、ICRP一九九〇年勧告の際に、さらに緩和されることになる。

また、この一九七七年勧告では、放射線防護基準を成人を基準にし、子ども、赤ちゃん、胎児といった放射線の影響を受けやすい人たちを軽視することになった。その結果、胎児への影響は、わずか二倍の評価になってしまった。このように一九七七年に大幅な緩和が行なわれ、その直後に、スリーマイル島原発事故が発生し、さらにチェルノブイリ原発事故が起きることになる。

そして一九九〇年勧告が登場する。ここでは、スリーマイル島やチェルノブイリ事故を受けて、事故時など非常時の対応が前面に出るのである。計画被曝が一〇レム（一〇〇ミリシーベルト）から、五〇レム（五〇〇ミリシーベルト）まで引き上げられたのである。さらに皮膚への被曝限度に至っては、五〇〇レム（五シーベルト）と、大きく引き上げられて設定された。事故処理時には、作業員にはきわめて強い被曝を強いられるようになったのである。この一九九〇年勧告に基づき、日本での放射線防護の基準が作られている。しかし、事故時のような非常時には、何でもできる考え方となり、それが福島でも適用された。

市民の被曝に関して、一九九〇年勧告は、それまでの年間五ミリシーベルトを一ミリシーベルトに引き下げた。一見、厳しくなったようだが、実は裏がある。それについては、すでに一七八頁で輸入食品の暫定限度について述べた際にふれた通りである。同時に通常は年間一ミリシーベルトだが、非常時には二〇ミリシーベルトまで緩和された。しかもこの基準を、放射能の影響を受けやすい子どもにまで適用したのである。しかも「この程度なら、胎児への影響もほとんどない」として、胎児、乳幼児への評価も、事実上、成人並みにしてしまったのである。

この年間二〇ミリシーベルトの基準で癌による死亡の増加を計算してみる。たとえば、二〇ミリシーベルトを五〇万人の人が被曝したとする。この数字は、けっして非現実的なものではない。これによる集団被曝線量は、一万人・シーベルト（一〇〇万人・レム）となる。これによる癌の死者増加の予測数は、一〇〇〜四二五五人である（表2）。この数字はけっして少なくない。

作業員の場合、通常が年間五〇ミリシーベルトだったのが、一〇〇ミリシーベルトまで緩和された後、さらに二五〇ミリシーベルトまで緩和された。二〇〇七年にさらに改定が行なわれたが、基本的に九〇年改定を手直ししただけである。放射線防護の考え方は、緩和に次ぐ緩和が行なわれ、最終的には何でもありの状況となったのである。

食と農への影響

今回の福島の核惨事がもたらした放射能汚染は、第一次産業を破壊し、輸入食品の増加を招き、心ある市民が営々と築き上げてきた、国内の食と農を守る取り組み破壊した。広範な地域で産直や地産地消の仕組みを破壊し、有機農業に取り組んできた農家から希望を奪った。これだけでも、政府や東電が侵した罪は、万死に値する。

多くの市民が、放射能汚染を現実のものとして受け止めたのは、暫定基準を越える汚染食品や水道水が次々と検出されてからであろう。厚労省が、暫定基準を設定して自治体に調査を求めたのが三月一七日だった。三月一八日から福島県と茨城県で調査が始まった。翌一九

表３　汚染食品の指標値（ベクレル／kg）

放射性ヨウ素（I131）				
	飲料水	牛乳・乳製品	野菜類（根菜・芋類を除く）	その他
日本	300	300	2000	2000（魚介類）
韓国	300	150	300	300
米国	170	170	170	170
コーデックス（国際規格）	100	100	100	100

放射性セシウム（Cs134+Cs137）					
	飲料水	牛乳・乳製品	野菜類	穀類	肉卵魚その他
日本	200	200	500	500	500
韓国	370	370	370	370	370
米国	1000	1000	1250	1250	1250
コーデックス（国際規格）	1000	1000	1000	1000	1000

日、福島県産の牛乳と茨城県産のほうれん草から暫定基準を越えるヨウ素が検出された。この日、東京都も水道水から基準以下ながらもヨウ素が検出されたと発表した。その後、連日のように、食品や水道水の汚染が報道されるようになり、被害は魚介類にも広がっていった。

　これによって、農家や農業を守ろうとすると、一般市民の健康を守ることができない。一般市民の健康を守ろうとすると、国内農業は壊滅的な打撃を受けて、輸入食品が増え、農薬や食品添加物など、ほかの問題で食の安全が脅かされるという事態が起きた。事実、事故後、輸入食品が増え続けている。いずれにしろ、原発事故は農業や漁業、市民の食生活のいずれにおいても、大きなダメージをもたらしている。

両方が被害者であり、支えあわなければいけない農家や漁師と消費者が、食をはさんで対立しあう構図になってしまった。本来、加害者である東京電力や政府が行なわなければいけない対応を怠っているツケである。

チェルノブイリの放射能被害

チェルノブイリ原発事故で、もっとも大きな損害を受けたのは、農業だった。この原発が内陸のそれも農業地域の中央にあったこと、しかも、かなり遠くまで牧畜を中心とした農村地帯だったことが、その被害を大きくした。被害の範囲はロシア、ウクライナ、ベラルーシだけでなく、ヨーロッパの国々まで広がった。とくにヨーロッパの人々が日々欠かすことなく食べたり、飲んだりしている、ミルクや乳製品の被害が大きかった。

牧草地に降り注いだ放射能は、ミルクや乳製品、食肉の被害を拡大した。ポーランド、ハンガリーなど多くの国で、ミルクが大量に処分された。ミルクの処分の範囲は、ギリシャ、イタリア、フランスにまで及んだ。

さらには、西ヨーロッパの国々は、東ヨーロッパの国々からの農作物の輸入を長期にわたり禁じたため、東欧諸国は、経済的に大きな打撃を受けた。今回の事故とともに、日本産の農産物が輸出できない状態が起きたが、東欧では、それを大規模にした形での被害が起きたのである。

しかし、なんといっても大きな被害は、原発周辺地域の農業だった。チェルノブイリ事故では、三〇キロメートル圏内の七三の村の農家が、家畜とともに避難することが指示された。八万六〇〇〇頭もの牛が移動を強いられることになる。避難先は、同じ共和国内の三〇キロメートルに近い場所であった。その結果、三〇キロメートル圏内の約七万ヘクタールの農地が失われてしまった。しかし、三〇キロメートル圏外ではまるで汚染が三〇キロメートルでなくなったかのように、農業が営まれた。その後、汚染の拡大が判明すると、遠いところでは八〇キロメートル離れた村も避難の対象となり、計一八六町村、約一五万ヘクタールの農地が放棄された。さらには約二〇〇万ヘクタールもの農地の汚染を除去しなければならなかった。その半分が牧草地だった。最大の被害は、畜産や酪農で起きた。

福島でも、三〇キロメートル地域圏の市町村の住民が、避難を指示されたり、自宅での待機を指示された。その他の地域でも汚染地域で農業が放棄されたり、出荷停止になったり、価格が暴落して農家が生活できない状況が起きている。この中で、どれだけ農地の放棄が起き、どれだけの面積の農地や牧草地で汚染の除去作業を行なわなくてはいけないか、その目途すらたっていない。

さらに福島の場合、震災による被害が重なった地域が多く、地震の被害からの復興の目途すら立たないまま、避難を強いられている人も多い。また原発事故が、震災からの復興を妨げてしまった。

チェルノブイリ原発事故では、汚染をもたらした放射性物質は、当初、大量に放出されるヨウ素が問題になり、その半減期が短いヨウ素が徐々に減少するとともに、半減期の長いセシウムが問題となり、汚染除去の問題がでてくるとともに、ストロンチウム、プルトニウムが大きな問題になっていく。日本でも、ヨウ素とセシウムは測定されるものの、ストロンチウムとプルトニウムは、測定されてこなかった。前者は揮発性であるため、最初に放出される放射能の雲を形成するが、後者は粒子状で放出されるため、原発に比較的近いところで高濃度の汚染をもたらす。しかし、ウクライナやベラルーシなどでの事故後の調査で、かなり遠方でもホットスポットと呼ばれる高濃度の汚染地域が判明している。

なぜストロンチウムとプルトニウムが問題かというと、人間への被害でより危険度が高いからである。半減期が長いだけでなく、ストロンチウムは、骨に蓄積し一生かかってもほとんど排出されず、放射線を出し続けるため、白血病や癌を起こしやすいこと。プルトニウムは、微粒子状になって浮遊し、肺に取り込まれると、肺癌を引き起こしやすい、というようにいずれも毒性が強いからである。

さらには、ストロンチウムとプルトニウムは、土壌に沈着して簡単に除去できない。しかも時間がたてばたつほど、これらの汚染物質の占める割合が相対的に高くなってくる。福島の原発に近い農業地帯でも、これからはこの二つの放射性物質が大きな問題になってくることになる。

チェルノブイリ原発では、どこがどの程度農業に適さない土地となるのか、あるいは農業が可能な土地になるのかが分かるまで、一年以上かかっている。その結果、農業が放棄された土地は、三〇キロメートル圏を大きくはみ出していた。北方では一〇〇キロメートル離れたところにまで及んでいる。その理由のひとつに、汚染土の除去による二次災害がある。汚染土を除去する際に、そこの蓄積していた放射性物質が、風に乗って拡散したことによる影響が指摘されている。

そのため汚染土の除去の方法が問題になってくる。また、その汚染土をどのように運搬し、どのように集め、管理するかが問題になってくる。この汚染土も放射性廃棄物だからである。チェルノブイリ原発での汚染土の除去は、五〇万立方メートルに達した。この膨大な量の土がすべて放射性廃棄物として除去・運搬・保管されなくてはいけなかった。しかし、この量にしても表土をわずか五cm削ったとしても、わずか一〇〇〇ヘクタールの広さに対応したにすぎない。福島では、原発周辺の高濃度の汚染地域だけでゆうに数万ヘクタールに達すると見込まれる。その数十倍である。しかも五cmでは足りないところが多い。この廃棄物を汚染が拡散しないように除去・運搬・管理することが求められる。

現在、政府は汚染土を下の土と入れ替える方法を採ろうとしている。これは、汚染をさらに拡散する危険性をもっている。徐々に地下にしみこみ地下水を汚染したり、表面に出てきたりするからである。核実験で降り注いだ放射性物質は地下水汚染をもたらしている。

農業は、それでも再開できない。それは再開のための出発点にすぎない。汚染土がすべて除去されるわけではなく、作物への残留がほとんどなくなるまで、出荷はできない。また除去された汚染土は、これまで農家が長年にわたって作り上げた貴重な土が大半である。その土づくりもまた、再出発が強いられる。

原発は、事故が起きれば、人々の健康を破壊して、第一次産業に壊滅的な打撃をもたらす。その被害額は、莫大な数字である。

福島原発事故がもたらした被害総額を考えれば、べらぼうに高い運転費用であった。さらに廃棄物の処理や保管・管理費用まで加えれば、天文学的数字になる。その費用は、結局、最終的には電気料金や税金の形で、市民が負担することになる。こうなると、原発を運転すること自体が、許し難い犯罪であるといえる。

負の遺産を抱えながら生きる時代へ

大気中や海水中に放出された放射性物質は巡り巡って食品となって私たちの食卓に登場する。野菜や牛乳、魚介類の汚染が深刻化している。野菜について政府は、自治体に対して、よく洗ってから測定することを求めた。魚に関しても頭と内臓を除去した後、よく洗ってから測定している。しかも野菜に対する暫定基準値は、ヨウ素では二〇〇〇ベクレルときわめて高い数値である（国際基準値は一〇〇ベクレル）。よく洗った上で、高い基準値を上回った、しかも、たまたまひっかかったものだけが出荷停止となったにすぎない。放射線がもたらす私たちの健康被害の評価は、大幅に緩和されてしまった。ヨウ素は土壌の表面に付着するため、野菜の基準から根菜類や芋類は除外されている。しかし、放射性物質はヨウ素だけではない。現在は、ヨウ素とセシウムしか測定されていない。数百もの放射性物質をすべて測定するということはない。

繰り返しになるが、チェルノブイリ事故で住民が気づいた最初の異常は、家畜の赤ちゃんの奇形の増加だった。次にやってきたのは、子どもの甲状腺の異常や感染症の増加だった。放射線被曝は、感染症などの「他の病気」を増加させる。原爆の被爆者のデータを調査した英国の疫学者アリス・スチュアートは、被爆と感染症増加の相関関係を見いだしたが、それはチェルノブイリ事故がもたらした汚染でも見られた。その後からやってきたのが唇・口腔癌と慢性疾患の悪化、手術後の快復困難であり、同時に、放射線恐怖症と名づけられた「心の病」だった。

さらに今回の福島の核惨事で懸念されるのが、プルトニウムによる健康障害の増加である。3号機でプルサーマルが実施され、ウランとプルトニウムを混ぜたMOX燃料が用いられているからである。このプルトニウムは、あらゆる物質の中で最も強いといわれる毒性をもっている。直径一ミクロン前後の微粒粉塵となって空中を漂いやすく、わずかでも吸入すると肺癌を引き起こす危険性が高くなる。動物実験の結果を人間に当てはめてみると、一〇〇％近くの確率で肺がんになる量は、わずか二七マイクログラム（マイクロとは一〇〇万分の一）と計算されている。

影響が広がっていくのはこれからであり、数十年先まで、時には世代を超えて受け継がれてしまう負の遺産といえる。この負の遺産を抱えながら生きていかなければいけない時代になってしまった。

終章

社会のあり方を変えることができるか

三月一一日を境に「風景が変わった」という見方が広がった。従来の延長線上にいてはいけないという考え方も広がった。何かが変わった、あるいは変わりつつあることは確かである。

福島の核惨事は、東京電力の営業範囲内の広範な地域で「計画停電」をもたらした。これまで電気を使いに使ってきた、エネルギー浪費社会に大きな変化が起き始めている。また、原発に依存しない社会のあり方が議論されはじめた。根本的には、これまでの社会のあり方が問われ始めたといっても過言ではないだろう。

「脱原発」という言葉が、市民運動以外の、さまざまなところで登場し始めた。その言葉のもつ意味合い自体は多様であり、化石燃料に戻るなどエネルギー大量消費を前提としたような、聞くに耐えないものもあるが、それ自体、三月一一日以前には考えられなかったことである。

この核惨事が、負の遺産だけを残すのではなく、少しでも社会を変えるきっかけになることを期待したいし、そうしなければいけない。そのためには、これまでのエネルギーや社会のあり方が、根底的に問われなければいけないし、問い続けていくことが必要である。

温暖化と原発推進

原発推進の理由として、エネルギー消費の増大への対応と温暖化対策が並行してあげられてきた。電気が足りなくなる、しかし化石燃料を使えば地球環境を悪化させる、だから原発だという論理である。そのためエネルギー生産を増やしながら、石油火力への依存度を減らし、原発への依存度を強めてきた。

それでも日本社会では、石油の消費量は思ったほど減少してこなかった。石油火力発電の割合が減少した分、重油の消費量は減少したが、自動車の燃料やプラスチックの原料となるガソリンや軽油の増加があり、相殺してしまったからである。以前はそれとは反対の構造だった。日本の石油の用途は、重油に重点が置かれていた。そのためガソリンが余ったことから、それを原料にプラスチック生産が活発化、使用先を拡大、なんでもプラスチックが使われるようになった。いま石油精製の中心はガソリンと軽油が置かれており、重油を減少させても、石油文明に変化は起きていない。

その石油大量消費社会が温暖化をもたらしてきた。その温暖化の問題を含めて、一九八〇年代後半に地球的規模で取り組むべき環境問題が提起された。温暖化、酸性雨、オゾン層の破壊、熱帯雨林の破壊、飢餓・砂漠化、さらに欧州では、放射能汚染が加えられていた。一九八六年にチェルノブイリ原発事故が発生し、地球的規模で汚染を引き起こし、この問題がクローズアップされたからである。しかし、日本政府は最初から、この放射能汚染を「地球環境問題」から外してしまった。なぜ外したのか、そこには重要な意味があった。日本政府が、その後、温暖化対策の切り札として原発を持ち上げていることでも分かるであろう。

当初から、日本では地球温暖化問題は、原発推進とセットで語られてきた。それによって温暖化問題への取り組みに歪みが生じた。本来、石油など化石燃料を中心としたエネルギー大量消費社会を真っ正面から問いただすはずのテーマが、なぜか原発推進の役割を負ってしまったからである。

一九八八年秋のことである。チェルノブイリ原発事故の余波もあり、各地で原発問題での論争が組まれた。その時、当時の林幸秀・科学技術庁原子力調査室長や、中村政雄・読売新聞論説委員などの原発推進論者の口から、相次いで「地球温暖化対策が重要だ」という言葉が、いきなり出てきたのである。その時の彼等の言い分は概略次のようなものだった。

「化石燃料の使用によって二酸化炭素が増加し、その温室効果によって異常気象が起きている。いまや地球環境問題は切迫した課題となり、エネルギー問題の最も重要な柱はこの環境問題にある。二酸化炭素の排出量が最も多いのは火力発電所であり、それを止めるのが一番だが、波力や風力、太陽光発電は現実には代替エネルギーにならない。そこでいまは原発を推進するしかない。将来は核融合が中心になると思われるが、それまでのつなぎに原発を推進することは子孫のために意義のあることである。

また、熱帯雨林の伐採が進んでいるが、世界の人口の半分がまだ薪を使っている。それを変えさせるためには彼等に化石燃料を使ってもらい、先進国は原子力を使うべきだ。」

地球環境問題で最も有効な対策が、原発だというのである。この論理は、国連気候変動枠組条約締約国会議で、繰り返し先進国政府が提案している。地球環境保護が原発推進では、その問題の中に放射能汚染を入れるわけにはいかない。その後、この論理が、政府や電力会社の原発推進の論理になり、教科書の副読本にも入れられた。

このようなすり替えの論理は、「原発と温暖化」以外にも登場している。一九八〇年代後半、レーガン、ブッシュ（父）と続いた共和党政権時代、米国は、地球温暖化対策を行なわない、という諸外国の批判をかわすために、「温暖化の最大の原因は、熱帯雨林の破壊にある」と主張したのである。責任を米国ではなく途上国にすり替える論理である。とくにブラジルの熱帯雨林破壊にターゲットをしぼった攻撃が行われた。そして熱帯雨林保護のため活動していたアマゾンに住むジコ・メンデスを英雄に仕立て上げていった。彼の活動は立派なものだったが、英雄にしたのは米国の戦略だった。その結果、彼は英雄になり、ノーベル平和賞まで受賞したが、彼ひとりが目立ったことから、農場経営者によって殺されてしまった。彼を殺したのは、米国政府だといっても過言ではない。米国が熱帯雨林問題に熱心でないことは、熱帯雨林保護などを目的につくられた、生物多様性条約にいまでも加盟していないことでも明らかである。

環境はカネでは買えない

化石燃料の消費抑制も、先進国や産業界の強い抵抗によって進まなかった。二酸化炭素排出の具体的な数値目標設定を嫌い、規制が進まなかった。気候変動枠組み条約の京都会議で、その対応策として登場したのが、米国ゴア元副大統領が提起した、二酸化炭素の排出権を取引きする考え方である。この排出権取引の考え方は、九カ国（米国、日本、オーストラリア、ロシア、カナダなど）によって提案された。EUはこの考え方に乗らなかった。二酸化炭素を大量に排出している米国や日本などの国、あるいは企業が、排出に余裕のあるロシアなどの国、あるいは企業から排出する権利を購入できるようにする、という考え方である。経済活動に制約を受けるのを嫌った国と、排出権を売ることで外貨獲得が可能になると考えた国の思惑が一致して提案された。当時、市場規模は二〇兆円に達すると試算され、一大経済活動として位置づけられた。

この排出権取引は、いってみれば環境を金で購入する考え方である。環境を破壊してきた市場経済の論理で環境問題に対応しようというものである。この排出権取引は、植林を行なうことで、二酸化炭素を削減するような活動も含まれている。例えば、ロイヤル・ダッチ・シェルは、チリ、ニュージーランドなどに広大な土地を購入し、植林を行なっている。この森林用地購入によって、自社に課せられる二酸化炭素削減義務を相殺できる上に、余剰の権利を他社に売ることができる。しかも、その植林で育った森林資源を用いて、自然エネルギーの一つであるバイオマス発電を行ない、化石燃料に代わる新規事業を展開することもできる、というのである。

排出権取引に熱心な企業は、いずれも大規模な二酸化炭素排出源をもつ企業であり、自らは排出を抑制せず、カネで権利を買い、あわよくばビジネスチャンスを広げようとしている。大国や大企業主導によって、環境もまた、カネによって取引されるようになってしまった。環境を破壊してきたのは、この市場経済の考え方ではなかったのか。その考え方で対応を図れば、さらに環境は悪化するのではないだろうか。

バイオ燃料は食料問題を引き起こす

先進国政府によって排出権取引と並び、温暖化対策として提起されているのが、代替エネルギーや技術的解決策である。中には、海底や地下深く二酸化炭素を封じ込めるといった奇抜な案も提起されている。かつて処分の困っている高レベル放射性廃棄物を、南極の氷の中に封じ込めたり、ロケットを使って宇宙に捨てるというアイデアが出されたことがあるが、それに類似したものといえる。現在、もっとも注目されている代替エネルギーが、バイオ燃料である。

いまナタネが注目されている。放射能の汚染地帯に作付けして、その除去に用いようというのである。ナタネ以外にもヒマワリを用いようとする動きも見られる。しかし安易なナタネ使用は、解決に結びつかない。汚染除去の基本は、土壌の除去から始まる。その上で、何年、何十年かけて植物で除去していくしかない。それは、気の遠くなる時間を要する、根気のいる作業である。放射能汚染がもたらした罪の深さがそこにある。

いずれにしろ、ナタネが注目されていることは確かである。滋賀県から出発した菜の花プロジェクトが全国に広がり、景観と実用をかねてナタネの作付けが広がっている。そこから得られたナタネを用いてバイオディーゼルを作ったり、近所の人から廃油の提供を受けてディーゼルを作る人たちが増えている。このような取り組みは、費用もかからず、環境にもやさしく、安く燃料を提供できる。

廃食用油からバイオディーゼルをつくり、ゴミ収集車などの自動車を走らせる事例が、いくつかの自治体で広がっている。このような取り組みを展開している自治体が指摘する問題点として、バイオディーゼル製造装置の能力に比して、集まってくる廃食用油の少なさが上げられる。最大の課題は、各家庭から出る廃食用油の収集にあるといっても過言ではなく、原料不足に悩んでいるのである。

また、ナタネといえば、カナダを中心に遺伝子組み換えナタネの作付けが広がっている。もし、福島県に遺伝子組み換えナタネが作付けされれば、二次災害的な状況が起きることになる。花粉の飛散や落ちこぼれ種子により、環境や食品の汚染が広がるからである。いま市民の間で、遺伝子組み換えナタネの自生調査が進められている。その調査結果をみると、遺伝子組み換えナタネが作付けされると、汚染が広がるだけでなく、ブロッコリーなど農作物と交雑を起こし、農業や生物多様性への悪影響が起きてしまう。

二〇〇八年一〇月三一日、米国バイオエタノール企業最大手のひとつ、ベラサン・エナジー社が倒産した。原料となるトウモロコシ価格の高騰が、その最大の原因だと伝えられている。このように規模を大きくし、原料を大規模に収集すると、国際的な原料確保や価格競争にさらされることになる。しかし、廃食用油を原料として、地域で取り組めば、そのような影響にさらされることもない。もともとバイオ燃料は、地域で取り組み、草の根で広がってきたのである。

このように草の根で広がり高く評価されてきたバイオ燃料が、エネルギー戦略に中心に位置づけられ、規模拡大が行われ、市場経済にさらされると、性質が変わる。ひとつの作物をめぐって燃料・食料・飼料の奪い合いが起き、途上国の食料を先進国のエネルギー利用が奪うことになる。新たな農地の開発のため熱帯雨林の伐採が進み、地下水の過剰な汲み上げなどで環境が破壊されていく。

大規模自然エネルギーは環境を破壊する

米国では、バイオ燃料を中心に、グリーンニューディール政策が進められ、さらに日本政府もこの政策を推し進めようとしている。この政策は、福島の核惨事が起きたことで、拍車がかかりそうである。グリーンニューディール政策の基本は、「環境配慮型」の新商品開発と巨大システム化による、経済活性化である。力点は、経済活性化に置かれている。いまの社会は、大量生産・大量流通・大量消費・大量廃棄が限界に達したところにいる。

この大量生産・大量流通・大量消費・大量廃棄が環境破壊の根源的な原因である。それは経済優先・企業優先の姿勢がもたらしてきたものである。その構造はそのままにして、さらに新たな経済活性効果を狙ったものであり、けっして環境をよくしようというものではない。経済を活性化させるために、大規模開発が進められているからである。大規模化すれば、経済の活性化はもたらすが、環境にはよくない影響をもたらす。

太陽光や風力発電が量産体制に入り、建設が進められている。それらの自然エネルギーを利用するにしても、巨大システム化すれば負に転じる。例えば、太陽光発電が盛んになっているが、この発電システムが寿命に達した時に、膨大な始末に負えないゴミが発生する。いってみれば、複雑で巨大な電子ごみの無秩序な増大が生じるのである。

風力発電も、巨大化し広がったために低周波公害などの健康被害拡大を招いている。低周波公害とは、耳に聞こえない低周波の音波のことで、この聞こえない音が健康破壊を引き起こしている。これは、政府の政策に問題がある。巨大な風力発電の建設には補助金が出るが、小規模だと出ないからである。その補助金を目当てにゼネコンなどが、風力発電の建設を進めてきた。風力発電は、大半が鉄とコンクリートである。そのため建設工事が減少し困っていたゼネコンにとっては追い風となった。そこには、建設はあっても、環境や市民生活を配慮する姿勢は見られない。小規模で、環境との共生を考えながら建設されている時は「良い技術」だったのに、巨大化・量産化が図られるとともに「悪い技術」に転じてしまう。技術とは、以前からこのようなものであった。

危険な水素利用

さらに、次のステップとして水素利用が計画されている。二〇〇三年冒頭、米国ブッシュ前大統領は「水素時代の到来」をぶち上げた。日本でも政府は、水素時代に期待を示しており、いよいよ水素が次世代のエネルギー資源の本命として、実用化が図られようとしている。この水素時代の目玉商品が、燃料電池である。燃料電池を用いた車は、ハイブリッド車、フレックス車と並んで、いまやモーター・ショーでも主役になりつつある。

水素はクリーンなエネルギーであり、燃料電池車は、環境に配慮した自動車として脚光を浴びている。燃料電池は、ちょうど水の電気分解を逆にした原理を用いている。水は酸素と水素からできている。燃料電池では、水素と空気（酸素を含む）を供給し、電気分解と反対の反応が起きる際に作られる電子の流れを利用して走ることになる。排気ガスの代りに水が排出されるため、理想の自動車といわれてきた。しかし、環境に配慮しているのは排気ガスだけであって、その他の点では、さまざまな問題点を抱えている。

水素は最も軽い元素である。自動車のように大量に用いるためには、貯蔵が難しくなる。圧縮して用いるには、液体水素が一番だが、マイナス二五三度で冷やしつづけなければならない。そのエネルギーに電気を用いれば、その電気を用いて自動車を動かした方が効率的である。

水素は爆発反応を起こすため、取り扱いに注意が必要である。今回の福島の核惨事は水素爆発の怖さをまざまざと見せつけたが、水素は扱いを間違えると凶器に転じる。しかも水素は、最も小さな分子であるため、金属の割れ目にどんどん入っていって、金属を脆くするので、輸送と貯蔵が大変難しい。

現在は主に、水素吸蔵合金を用いて、高圧で封じ込めている。高圧を用いるため、もし交通事故が起き水素が噴出すると、大惨事となる可能性がある。しかも水素吸蔵合金は、重量があるため使いこなすのが容易ではない。現在は、バナジウム、マグネシウム、パラジウムなどの合金が用いられているが、希土類元素など高価な金属を含むものが多く、資源の浪費でもあり、合金製造工程で深刻な環境汚染が起きる可能性がある。

その上、大量の水素をどのようにつくるかが問題である。もっともポピュラーなのが、水の電気分解だが、その電気はどのようにしてつくり出すのか。水素をつくる過程で、化石燃料が大量に用いられたのでは、意味がない。

いま水素は、主に石炭かコークスを水蒸気と反応させた水性ガスからつくられるか、天然ガスや石油をやはり水蒸気などで反応させてつくられる。結局、化石燃料を用いないと安く大量にはできないのである。経済産業省の計画では、将来的には原子力を利用した高温ガス炉による水素製造が本命に据えている。すなわち、水素を主役にするということは、原子力を利用する時代ということになりかねない。

以上のことから、水素の利用もけっして環境配慮型ではなく、クリーンなエネルギーとはいえないし、社会的にリスクを増幅することになる。こう見ていくと、グリーンニューディール政策がもたらすものは、経済活性化であって、新たな環境破壊を引き起こすものに他ならないのである。

地域循環型社会にエネルギーも組み込む

やがて枯渇することがない再生可能なエネルギーで、しかも環境に悪い影響が少ない、自然エネルギーの比率を増やしていかなければ、地球の将来は危ないといえる。しかし、単にその自然エネルギーの比率を増やせばよいというのではなく、全体の消費量を減少に転じさせることが大切である。

自然エネルギーも、大量生産し、巨大化すれば負に転じる。分散して小規模で、多様な自然エネルギーを組み合わせ、しかも地域で生産して、地域で消費することがポイントである。もちろん全部を賄うことは難しいかも知れないが、遠方から購入する電力を最小限にしていくことは可能である。遠方で発電して送電線での輸送距離が長いと、その間、電磁波となって失われる量は多く、電磁波公害をまき散らすことにもなる。

川の急流を利用した流れ込み式の水力発電所。ダムをつくらない環境保全型水力発電である。これに太陽光・風力・バイオマスなどを組み合わせていけば、エネルギーの自給自足への道が開けていく。

小規模な段階では、作るのも簡単であり悪い影響はほとんどない。スケールメリットがないため、ごく一部の利用にとどまるが、そのかわり廃棄物や廃水の処理にかかる費用などもほとんど必要としない。原子力に投じた莫大な資金や、これから原発事故の後始末にかかる天文学的費用を考えれば、わずかな費用で実現可能である。あるいは、現在のガソリンや軽油にかせられている税金で優遇措置があれば、十分に太刀打ちできる。このような取り組みが各地で広がり、エネルギーが地産地消できるようにしていくことが、大切である。それこそが未来の環境と共生するエネルギー生産のありかただといえる。それは中央管理型でも、巨大集中型でもなく、分散型である。単一のものではなく、多様性を大切にする在り方である。専門家によるものではなく民衆的なもので、化石燃料多消費型ではなく、再生可能で持続可能な方法を用いる。自然を支配するのではなく、自然と共生するものである。

これまで日本などの先進国のほとんどが、公共交通機関を減らし、道路や橋、トンネルといった土建工事を税金を使って行ない、自動車に便宜を図ってきた。電車などの交通機関は自前で線路を敷かなければならず、その分を運賃に上乗せしてきた。しかし、道路は自動車メーカーがつくるのではなく税金でつくられてきた。その結果、自動車を使った方が安くなり、路面電車がなくなり、ローカル線が廃止され、自動車社会が出現した。

これからは反対の方向に舵を切り換えていく必要がある。公共交通機関を優遇し、道路で自動車が走れる部分を減らし、自転車専用部分をつくり、歩行者を優遇していくことで自動車の総走行距離を減少に転じることができる。

環境を破壊している元凶は、現在の拡大を前提としている経済活動にある。拡大を前提にすれば、バイオ燃料や水素、原子力など大規模な代替燃料に依存し、新たな環境破壊を招きかねない。バイオ燃料を三％混合しても二酸化炭素を三％削減できないが、自動車の総走行距離を三％減らせば削減できる。環境を守るためには、肥大化したこの経済活動を縮小することで容易に二酸化炭素は削減できる。環境を第一と考えるならば、価値観の転換が求められているといえる。

くり返すが、やがて枯渇することがない再生可能なエネルギーで、しかも環境に悪い影響が少ない、自然エネルギーの比率を増やしていかなければ、地球の将来は危ないといえる。しかし、単にその自然エネルギーの比率を増やせばよいというのではなく、全体の消費量を減少に転じさせることが大切である。

分散型の小規模で、多様な自然エネルギーを組み合わせ、しかも地域で生産して、地域で消費することが大切である。いま、日本各地で地域循環型社会づくりが進められている。ごみの減量化の一環として生ごみの堆肥化を進めている。その堆肥を使い、農薬や化学肥料を使わなかったり、できる限り抑えた農業が進められている。さらにそこに、廃油を用いたバイオディーゼルを作り出し、町全体で循環型社会を作り出し、それにエネルギーの自給自足を組み合わせれば、町全体が活気を帯びてくる。そして、さらに新たな取り組みへと分野を広げていくことができる。

三月一一日がきっかけになって、新たな社会へ向けた動きが強まることを期待したいし、強まらなければ、また歴史は繰り返されてしまう。

あとがき

この本で積み残した課題は多い。ひとつは「情報コントロール」である。事故直後、政府・マスコミは「パニックを起こさせない」という大義名分で情報を統制してしまった。その結果、情報の発信源は東京電力のみとなり、政府もマスコミもその情報を流すだけになってしまった。改めて、情報がコントロールされたときの怖さを実感することになった。

この情報統制が、かつての大本営発表と異なる点は、インターネットの存在だった。多くの市民が政府のいうことを信用せず、インターネットから得られる情報を頼りにし、自ら発信し続けた。なかでも最も頼りにされたのが外国政府やジャーナリズムの情報だった。

ツイッターがこれほどまでに活躍したこともなかった。そこには自由な空間が作られたが、誰も原発で何が起きているか分からず、肝心な点が闇に閉ざされていたことから、さまざまな憶測が飛び交うことにもなった。そこでは噂が噂を呼ぶ情報化社会の危うさもさらけ出す形になった。

もうひとつは「御用学者」の存在である。今回ほど、マスコミに登場して、いい加減な発言を続ける学者の多さに驚いたこともなかった。本当に大学が悪くなった。以前からも、その傾向はあったものの、最近はとくにひどくなった。なぜ、こんなに悪くなったかというと、大学が独立法人となり、研究費を自力で稼がなくてはならなくなったことが大きい。企業と結びつけば、簡単に資金を調達することができる。企業からすると「偉い大学の先生」を買収できることになる。この傾向は理工系の学部で多く見られ、いまや産学協同は当たり前になってしまい、原子力以外の他の分野でも、すっかり企業の提灯もち研究者が多くなってしまった。

最後にひとつ付け加えたいことがある。それは、放射線被曝がもたらす健康障害における、他の有害物質との相加・相乗作用である。以前、長崎の被爆問題を追跡していた際のことである。被爆の影響には、ガンマ線などの電離放射線だけではなく、非電離放射線（いわゆる電磁波）も関係していると考えられた。原爆投下で、赤外線、可視光線、マイクロ波など多様で大量の非電離放射線が人々を襲っている。それとの相加・相乗作用があるはずだと考えたのである。実際調べていくと、電離放射線は強いエネルギーによって起きる電離作用によって遺伝子に傷をもたらす。遺伝子の傷は、癌や白血病、遺伝障害などをもたらす。それでも遺伝子についた傷の大半は、通常は、修復作用によって事なきを得ている。しかし、非電離放射線にはこのＤＮＡの修復を阻害する働きがあることが分かっている。もし電離放射線と非電離放射線が一緒に存在していると、癌や白血病、遺伝障害などになる確率が増すことが考えられる。

このことは、電離放射線と化学物質との関係でもいえる。遺伝子に傷をつけたり、発癌のプロモーターの役割がある化学物質と一緒に存在していると、相乗効果が起きることはまず間違いないとみてよいだろう。そのような化学物質は農薬に多く、放射能の悪い影響を強める可能性がある。輸入作物で問題になったのも残留農薬だった。放射能汚染が問題になればなるほど、ますます国産の有機や自然農法、環境保全型農業でつくった作物が重要になり、いかに国内の農業や漁業を守っていくかが大切になってくる。

まだまだ積み残した課題は多い。今回の核惨事とは長い付き合いにならざるを得ない。これからじっくりと取り組んでいきたい。なお、本文中に出てくる写真の多くが、東海村プルトニウム生産工場や福島第二原発の三号機など、月刊雑誌「技術と人間」誌の編集部時代に取材した際のものである。

最後になったが、いつも信念を貫いて頑張っておられる緑風出版の高須次郎・ますみ夫妻には、頭が下がる思いだ。またお世話になってしまった、感謝の言葉もない。

[著者略歴]

天笠　啓祐（あまがさ　けいすけ）

1947年東京生まれ。早大理工学部卒。現在、ジャーナリスト、遺伝子組み換え食品いらない！キャンペーン代表、市民バイオテクノロジー情報室代表

主な著書『原発はなぜこわいか』（高文研）、『脳死は密室殺人である』（ネスコ）、『Q&A 電磁波はなぜ恐いか』『遺伝子組み換え食品』『ＤＮＡ鑑定』『食品汚染読本』『Q&A 危険な食品・安全な食べ方』『世界食料戦争』『生物多様性と食･農』（緑風出版）、『遺伝子組み換え動物』（現代書館）、『くすりとつきあう常識・非常識』（日本評論社）、『いのちを考える40話』（解放出版社）、『バイオ燃料』（コモンズ）、『遺伝子組み換えとクローン技術100の疑問』（東洋経済新報社）、『面白読本･反原発』、『地球とからだに優しい生き方・暮らし方』（つげ書房新社）、『遺伝子組み換え作物はいらない！』（家の光協会）ほか多数

東電《とうでん》の核惨事《かくさんじ》

2011年7月30日　初版第1刷発行　　定価1600円＋税

著　者　天笠啓祐 ©
発行者　高須次郎
発行所　緑風出版
〒113-0033　東京都文京区本郷2-17-5　ツイン壱岐坂
［電話］03-3812-9420　［FAX］03-3812-7262
［E-mail］info@ryokufu.com
［郵便振替］00100-9-30776
［URL］http://www.ryokufu.com/

装　幀　斎藤あかね
制　作　R 企 画　　印　刷　シナノ・巣鴨美術印刷
製　本　シナノ　　用　紙　大宝紙業　　E2000

Keisuke AMAGASA© Printed in Japan　　ISBN978-4-8461-1111-3　C0036

◎緑風出版の本

■全国どの書店でもご購入いただけます。
■店頭にない場合は、なるべく書店を通じてご注文ください。
■表示価格には消費税が加算されます。

生物多様性と食・農

天笠啓祐著

四六判上製
二〇八頁
1900円

人々から希望を奪ったグローバリズムが、他方で環境破壊を地球規模にまで拡げ、生物多様性の崩壊に歯止めがかからない。危機の元凶が多国籍企業の活動にあること、どうすれば危機を乗り越えられるかを明らかにする。

世界食料戦争【増補改訂版】

天笠啓祐著

四六判上製
二四〇頁
1900円

米国を中心とする多国籍企業の遺伝子組み換え技術による世界支配の目論見に対し、様々な反撃が始まっている。本書は、米国の陰謀や危険性をあばくと共に、世界規模に拡大した食料をめぐる闘いの最新情報を紹介。

食品汚染読本

天笠啓祐著

四六判並製
二一六頁
1700円

遺伝子組み換え食品から狂牛病まで、消費者の食品に対する不安と不信が拡がっている。しかも取り締まるべき農水省から厚生労働省まで業者よりで、事態を深刻化させるばかり。本書は、不安な食品、危ない食卓の基本問題と解決策を解説！

生命特許は許されるか

天笠啓祐／市民バイオテクノロジー情報室編著

四六判上製
二〇〇頁
1800円

今、多国籍企業の間で特許争奪戦が繰り広げられ、いままでタブーとされてきた生命や遺伝子までもが特許の対象となっている。生命が企業によって私物化されるという異常な状況は許されるのか？　具体的な事例をあげて解説。

増補改訂 **遺伝子組み換え食品**

天笠啓祐著

四六判上製
二八〇頁
2500円

遺伝子組み換え食品が多数出回り、食生活環境は大きく様変わりしている。しかし安全や健康は考えられているのか。米国と日本の農業・食糧政策の現状を検証、「日本の食卓」の危機を訴える好著。大好評につき増補改訂！

破綻したプルトニウム利用

政策転換への提言

原子力資料情報室、原水爆禁止日本国民会議編著

四六判並製
二二〇頁
1700円

多くの科学者が疑問を投げかけている「核燃料サイクルシステム」が、既に破綻し、いかに危険で莫大なムダかを、詳細なデータと科学的根拠に基づき分析。このシステムを無理に動かそうとする政府の政策の転換を提言する。

世界が見た福島原発災害

海外メディアが報じる真実

大沼安史著

四六判並製
二八〇頁
1700円

「いま直ちに影響はない」を信じたら、未来の命まで危険に曝される。緩慢なる被曝ジェノサイドは既に始まっている。福島原発災害を伝える海外メディアを追い、政府・マスコミの情報操作を暴き、事故と被曝の全貌に迫る。

低線量内部被曝の脅威

原子炉周辺の健康破壊と疫学的立証の記録

ジェイ・マーティン・グールド著／肥田舜太郎・斎藤紀・戸田清・竹野内真理共訳

A5判上製
三八八頁
5200円

本書は、一九五〇年以来の公式資料を使い、全米三〇〇〇余の郡のうち、核施設に近い約一三〇〇郡に住む女性の乳がん死亡リスクが極めて高いことを立証して、レイチェル・カーソンの予見を裏づける衝撃の書。

チェルノブイリの惨事【新装版】

ベラ&ロジェ・ベルベオーク著／桜井醇児訳

四六判上製
二二四頁
2400円

フランスの反核・反原発の二人の物理学者が、事故から一九九三年までの恐るべき事態の進行を克明に分析した告発の書である。そして二〇一一年三月一一日、日本でチェルノブイリの惨事を上回る恐るべき事態が始まった……。

プロブレムQ&A
なぜ脱原発なのか
［放射能のごみから非浪費型社会まで］
西尾　漠著

A5判変並製
一七六頁
1700円

暮らしの中にある原子力発電所、その電気を使っている私たち、でもやっぱり不安……。なぜ原発は廃止しなければならないのか、廃止しても電力の供給は大丈夫なのか——私たちの暮らしと地球の未来のために、改めて考える。

プロブレムQ&A
むだで危険な再処理
［いまならまだ止められる］
西尾　漠著

A5判変並製
一六〇頁
1500円

青森県六ヶ所村に建設されている使用済み核燃料の「再処理工場」。高速増殖炉もプルサーマル計画も頓挫しているのに、核廃棄物が逆に増大し、事故や核拡散の危険性の大きい「再処理」をなぜ強行するのか。やさしく解説する。

プロブレムQ&A
原発は地球にやさしいか
［温暖化防止に役立つというウソ］
西尾漠著

A5判変並製
一五二頁
1600円

原発は温暖化防止に役立つとか、地球に優しいエネルギーなどと宣伝されている。CO_2発生量は少ないというのが根拠だが、はたしてどうなのか？　これらの疑問に答え、原発が温暖化防止に役立つというウソを明らかにする。

プロブレムQ&A
どうする？　放射能ごみ
［実は暮らしに直結する恐怖］
西尾漠著

A5判変並製
一六八頁
1600円

なぜ原子力発電所は廃止しなければならないのか、増え続ける放射能のごみはどうすればいいのか、原発を廃止しても電力の供給は大丈夫なのか——私たちの暮らしと地球の未来のために、原発のことを改めて考えよう。

原発の即時廃止は可能だ
ロジェ＆ベラ・ベルベオーク著／桜井醇児訳

四六判上製
二七二頁
一八〇〇円

原発がなくなると電力が不足するとよく言うが、実はそんなことはない。原発のリスクは破滅的で、取り返しのつかない事態となる。最も高い原発大国フランスで、電力消費をさほど落とすことなく原発即時廃止が可能と立証する。